PROMOTED
升職玩家

從職場生存到上位晉升
的十一堂必修課

躍升智才 著

升遷不是天上掉下來的獎勵，而是一場精心設計的心理戰
| 懂得被誰看見、怎麼被看見 |
才能真正掌握職涯主導權

目錄

序言　升遷，從不是命運的恩賜，
　　　而是設計出來的結果 ………………………………… 005

導讀　升職不是運氣，
　　　是一套可以複製的策略系統 ……………………… 007

第一章　職場升遷的心理地圖：
　　　　從被動等候到主動出擊 ………………………………011

第二章　績效不等於升遷：
　　　　從 KPI 到「看得見的績效」 ……………………… 035

第三章　內建升遷思維：
　　　　打造職涯策略模型 …………………………………… 057

第四章　社會資本的魔法：
　　　　升遷不是單打獨鬥 …………………………………… 081

003

目錄

第五章　主管眼中的你：
　　　　升遷與領導印象管理 ………………………… 105

第六章　升職的倫理與風險管理 ………………………… 129

第七章　打造升遷必要職能：
　　　　從合作者變成領導者 ………………………… 153

第八章　升職後不翻車：
　　　　新主管 90 天挑戰 …………………………… 177

第九章　跳槽還是升遷？
　　　　轉職策略與向上流動設計 …………………… 201

第十章　女性、少數與升遷玻璃天花板 ……………… 225

第十一章　從升遷到傳承：
　　　　　領導者的培育與再進化 ………………… 249

後記　　你不是被選中的那一位，
　　　　但你可以設計出讓自己被選的職涯路線 …… 273

序言

升遷，從不是命運的恩賜，而是設計出來的結果

你曾經在某次人事公告上，看見那個名字的時候，心裡默默地想：「為什麼是他，而不是我？」

你也曾經在年度績效考核後，被上司拍拍肩說：「你很努力，我知道。」然後那句「但公司目前沒有適合的位置」像一把柔軟卻鋒利的刀，切斷了你對升遷的所有期待。

你或許也問過自己：「我哪裡還不夠？還要做多少，才能讓他們真正看見我？」

這本書，就是為了你而寫的 —— 那些努力很久，卻仍卡在原地的人；那些有實力，卻還在找升遷通道的人；還有那些剛剛升上來，卻不知道下一步該怎麼走的人。

升遷，從來不是單純的「你夠好」，而是複雜的人性、制度、策略、能見度、職能與信任交織而成的結果。

我寫這本書，不是為了給你一套照本宣科的升遷秘笈，而是要用一整本書的厚度，告訴你一個現實而溫柔的真理：

升職，不是命運的安排，而是思維的設計。

而你，絕對有機會，也有權利，設計出自己的升遷路線圖。

序言　升遷，從不是命運的恩賜，而是設計出來的結果

導讀

升職不是運氣，是一套可以複製的策略系統

職場中的升遷現象，其實是一場看不見的賽局。

在檯面上，我們看到的是 KPI、考核、年資、績效會議；但在檯面下，真正影響升遷的往往是 —— 誰信任你？誰願意推薦你？你在不在「可提拔名單」裡？你在主管心中的評價，是否具備「升得上去也接得住」的信號？

這些問題，沒有一題會出現在面試考卷上，卻是決定你升遷關鍵的隱性規則。

因此，《升職玩家》不是一本教你怎麼「努力就好」的職場心靈書，而是一本以人力資源科學與心理策略思維為底層邏輯，結合實務職場經驗與升遷觀察模型打造的實戰書。

它不告訴你該如何取悅主管，而是教你如何設計出一套視覺化的績效、職能與人際信任系統，讓你在職場裡被看見、被信任、被推薦、被升起。

全書共十一章，每一章代表職場升遷路上的一個核心主題，從基礎認知、績效視覺化、人脈操作、職能建構，到領導轉型、傳承布局。章與章之間環環相扣，具備連貫的邏輯與實

導讀　升職不是運氣，是一套可以複製的策略系統

作架構。每章五節，從策略、心理、制度、互動、語言與案例六面向切入，每一節超過兩千字，不是只講觀念，而是幫你練出方法。

這本書的核心理念如下：

1. 升遷是設計出來的，而非等待來的

升職不是一個等待機會降臨的過程，而是你要主動設計出來的系統工程。從績效輸出、能見度建立，到信任建構，每一環都需要「預先鋪路」。

2. 績效不等於升遷，升遷是多面向信號的整合

如果你還以為升職只是「把工作做得比別人好」，那你一定會很痛苦。因為主管升的，不是最努力的，而是最讓他放心、最能創造團隊價值、最像「未來角色」的人。

3. 人脈與社會資本，是升遷的加速器

升遷不是單打獨鬥。你需要的是人脈可視性、跨部門互動、社交風格管理與策略性關係布局。不是「關係至上」，而是「關係讓實力被看見」。

4. 升遷前與升遷後，是兩套完全不同的能力系統

你能升上來，靠的是績效與潛力；你能穩得住，靠的是領導、授權、信任與制度感。

5. 升遷的最終點，是能讓更多人升起來

如果你走到很高，卻沒有人能接住你的位子，或者整個團隊少了你就停擺，那你就只是個強者，還不是領導者。

適合閱讀這本書的人：

◆ 想晉升卻總卡關的中階主管與資深員工
◆ 剛升任主管，正面對團隊重建與領導轉換焦慮的人
◆ HR、培訓主管與職涯規劃師，想建構一套升遷模型者
◆ 創業者與創業核心夥伴，試圖培養公司內部人才梯隊者
◆ 每一位不想只靠運氣過職涯、而想靠策略往上走的職場人

升遷不是升高一級的位置，而是放大你影響世界的半徑。

從現在起，別再讓升職成為別人決定的事；你要學會，怎麼讓它成為你能掌控、設計與引導的能力。

現在就翻開這本書，啟動你的升遷設計。

導讀　升職不是運氣，是一套可以複製的策略系統

第一章
職場升遷的心理地圖：
從被動等候到主動出擊

第一章　職場升遷的心理地圖：從被動等候到主動出擊

 第一節　為什麼努力的人反而不升遷？

忠誠不等於升遷的保證

許多在職場上默默耕耘多年的員工心中都有一種困惑：我這麼努力、這麼認真，為什麼升遷的卻不是我？這種困惑的核心在於，一種根深蒂固的價值觀：只要認真工作，就能獲得回報。然而，職場現實的運作邏輯並不完全支持這個等價假設。事實上，「努力」只是職場生存的基本條件，卻不是晉升的充分條件。

根據組織行為學的研究，升遷通常不單以工作努力程度為主要依據，而是綜合考量工作績效、領導潛能、對組織文化的適應性，以及與高層的互動關係。這裡牽涉到一個重要的心理認知現象：「可見性偏誤」。當一位員工將大量心力投入於基層執行工作，卻未能有效呈現成果給決策階層，或者與主管之間缺乏高品質的溝通互動時，這份努力往往無法轉化為晉升的籌碼。

反之，那些懂得管理曝光率、積極參與跨部門專案、擅長與高層溝通的員工，即使工作量略遜一籌，反而更容易獲得晉升機會。這並非代表他們「走後門」，而是他們更理解升遷的本質——是對於未來潛能與組織價值的綜合投資，而不是單一任務表現的累加。

第一節　為什麼努力的人反而不升遷？

主管的晉升劇本與心理標準

要理解升遷的邏輯，就必須從主管的視角出發。當一位主管在考量晉升對象時，他關心的不只是過去的績效表現，而是對方是否能夠勝任未來的責任，是否具有更高層次的視野與整合資源的能力。主管在做決策時，往往會從「風險控管」與「組織穩定性」的角度出發，而非單純依靠分數制度或年資排序。

根據人力資源理論中的「潛力評鑑模型」，主管會特別留意那些具備三大特質的員工：一、能夠跳脫執行層面，具備策略思考能力；二、擅長整合人脈與資源，具備影響力；三、在面對壓力或複雜任務時仍能展現穩定性與責任感。這三項特質的基礎，並不來自純粹的努力，而是來自於一種角色覺醒：你是否已經具備從基層轉向領導階層的心理成熟度與操作方式。

主管們往往有一套未說出口的升遷劇本，而能夠符合這個劇本期待的人，才是最終被選中的對象。若員工始終以執行者的身分自居，無法跳脫「完成任務」的框架思維，便難以符合這部升遷劇本的主角設定。

情緒智力才是升遷分水嶺

除了績效與可見度之外，情緒智力也是升遷過程中決定性的隱性因素。根據丹尼爾·高曼的理論，情緒智力包含五大核

第一章　職場升遷的心理地圖：從被動等候到主動出擊

心能力：自我覺察、自我管理、社會覺察、人際關係管理與動機調節。這些能力直接影響一個人在團隊中的互動品質與衝突處理能力，也正是主管在考量升遷人選時極為重視的特質。

一位高績效卻情緒起伏劇烈的員工，往往無法承擔領導職責下的人際壓力與整合責任。升遷不僅是角色提升，更是進入一個更高張力、更複雜決策網絡的系統中。若無法在壓力下維持穩定、理性且建設性的互動方式，這樣的人即使擁有高能力，也容易被排除在晉升名單之外。

相反地，能夠在日常工作中展現出良好的合作態度、冷靜處理危機、願意承接跨部門爭議與協調任務的人，即使能力尚未登峰造極，也會被主管視為「值得投資」的人才。因為升遷的核心之一，就是讓組織變得更穩定、更可信賴，而情緒智力正是穩定性的來源。

影響力勝過努力：升遷的真實動能

努力在升遷中不是無用，但若沒有轉換為「影響力」，努力就會被視為個人特質而非組織價值。影響力不只是讓人知道你做了什麼，而是讓人感受到你讓「整體變得更好」。這可能展現在跨部門協調時的主動發言、在策略會議中提出可行解方、在同事低潮時發揮支持與領導能量，或是在困難專案中引導團隊克服挑戰。

第一節　為什麼努力的人反而不升遷？

社會資本理論指出，人在組織中最有價值的資產之一，就是其影響他人與連結資源的能力。一位能夠為團隊爭取機會、與高層建立良好溝通、串聯不同部門進行專案合作的員工，往往比單打獨鬥的績優生更具升遷潛力。

企業內部經常存在一種「升遷軸心」的非正式網絡，那些具備橫向合作能力的人，最終往往被吸納進這個網絡中，並成為晉升的候選人。從這個角度來看，努力是進入舞臺的門票，而影響力才是升上主角位置的關鍵條件。

升遷的起點是角色的重新定位

若將職場視為一場長跑，升遷並非靠最後的衝刺，而是靠每一步的策略性布局。許多人在職涯早期被教導要「先學會服從」，然而到了中後期，若仍困於服從者的角色，將會被新進具有「主動性人格」的人快速取代。「主動性人格」指的是那些會主動尋求改變、創造機會並掌握局勢的人，這正是升遷候選人的核心特質。

這樣的角色轉換，並不代表你要捨棄過去的努力，而是必須將努力的重心從「完成任務」轉向「創造價值」。從執行者變成策略者，從反應者變成設計者，這才是晉升階段的真正跳板。你必須學會站在更高視角思考：這項任務如何影響整體業務？部門的瓶頸在哪？我如何幫主管分憂？我做的這件事，對公司策略有什麼意義？

第一章　職場升遷的心理地圖：從被動等候到主動出擊

　　當你開始以這樣的思維工作，主管不會只看到一位稱職員工，而會看到一位未來的接班人。而這種角色轉變，正是升遷的真正起點。

第二節　升遷的本質：
　　　　價值、能見度與可信賴感

升遷不是獎勵，是一種風險控管

　　在組織運作的現實邏輯中，升遷從來就不是一種對過往表現的「獎勵」，而是一項對未來的「投資與控管」。主管在決定誰該晉升時，最在意的往往不是你做過什麼，而是你能否「撐得住接下來的角色」。這不僅包含能力評估，更牽涉到人格特質、組織適應性、信任穩定度以及團隊關係。簡單來說，升遷是風險資本的配置決策，而非勞務交換的報酬分紅。

　　商業理論家克里斯・阿吉里斯（Chris Argyris）所提出的組織學習理論指出，組織在決策時不只關注績效，更重視行為背後的思維模式與決策品質。升遷亦然，主管與高層會根據對個人的預期與信任程度，決定是否願意將權力、資源與責任交給這個人。而這種信任是長時間觀察的累積，不可能只靠一次提案或一份優秀報告建立起來。

第二節　升遷的本質：價值、能見度與可信賴感

一位中階主管曾坦言：「我們在升遷時不是選最厲害的人，而是選最能『撐得住』這個位置的人。」撐得住，代表你有韌性、有組織觀、有面對人際壓力的穩定性，更重要的是，你對公司整體文化與目標有足夠的同理與承擔力。這是升遷本質的第一個關鍵字：可信賴感。能力可以補、技術可以學，但一個人是否值得信任，是經驗與互動中培養出來的。

升職不是靠表現，是靠被「看見」

許多員工深陷「只要努力就會被注意」的迷思裡，卻忽略了現實職場中，績效與能見度之間往往並非正相關。根據行為經濟學的「可得性捷思法」（availability heuristic），人們在評價他人時，更容易受到「被接觸次數」與「主觀印象」的影響，而非客觀表現指標。因此，主管腦海中印象最深刻的，往往是那些「常見的身影」，而非最辛苦的工作者。

這就是升遷的第二個關鍵字：能見度。能見度並不是自我炒作或刻意拍馬屁，而是一種「策略性曝光」的能力。你是否能主動彙整部門成果、適時向上匯報、在重要會議中表達想法、或在跨部門合作中建立良好互動，這些都是建立能見度的實務方法。

此外，能見度也不只是「讓主管看到你」，更是「讓正確的人在對的時機看到你做對的事」。許多企業中階層的主管們會在定期人資會議或人才盤點中，分享團隊內部值得栽培的對象。若你從未出現在這些談話中，即便你表現再優秀，也難以進入升

017

第一章　職場升遷的心理地圖：從被動等候到主動出擊

遷預備清單。因此，讓自己成為討論話題的一部分，是升遷布局的重要技術。

價值感的定義來自組織，而非自我感覺

「我覺得我做得很多，付出也夠多，為什麼公司還是沒給我升遷？」這種自我感覺良好的現象，在升遷路上常成為最大的盲點。事實上，「價值」這個詞，在個人與組織之間往往有著極大差異。在組織裡，真正有升遷價值的人，不是做得最多的人，而是讓整體系統運作更順暢、更穩定、更具競爭力的人。

人力資源開發理論中強調「組織價值適配」，也就是一個人的工作方式、問題解決風格與價值觀是否契合組織的策略目標與文化規範。若你的價值是「完美完成細節任務」，而組織需要的是「推動部門成長與變革的人」，你再怎麼賣力，也會被視為「高效執行者」而非「領導潛力股」。

這種落差提醒我們，升遷的第三個關鍵字是：組織認可的價值。你是否曾主動觀察並回應組織高層的關注重點？是否能理解公司所處的產業壓力與營運挑戰？你所做的工作是否有助於推進關鍵目標或創造新的發展機會？這些才是真正能夠「兌換」升遷門票的價值。

從實務角度來看，懂得用組織語言包裝自己價值的人，會更容易獲得升遷機會。你不是只說「我很認真」，而是說「我完成的這項專案提升了流程效率 30%，讓部門準時交付全年報告，

第二節　升遷的本質：價值、能見度與可信賴感

並減少了人力資源額外投入」，這樣的語言才具有「轉換為升遷的價值認定」。

信任累積是升遷的隱性資產

升遷過程中，往往不是誰最會說話、誰最聰明，而是誰讓主管最「安心」。這種安心感來自一種難以量化的關係品質——信任。信任不是一朝一夕建立的，而是從平日互動中累積而來。主管會升遷誰，往往是那個在關鍵時刻可以「無需多言」就能搞定任務的人；那個即使不在場也知道會自動推進進度的人；那個即使接下挑戰也不會甩鍋、不會情緒化處理事情的人。

根據心理安全與領導信任的研究指出，當一個主管認為某位部屬具有高誠信、穩定性與組織觀時，就會更傾向在關鍵職位上給予其晉升機會。這是因為組織內部運作壓力龐大，高層主管更傾向於「降低風險」而非「追求完美」，因此「可信賴」遠比「最強」來得有價值。

若你常常情緒起伏大、容易推卸責任、處事風格不可預測，即便你才華洋溢，也不容易獲得升遷。反之，即使能力略為不足，只要你能展現出「願意承擔、樂於溝通、穩定成熟」的態度，就容易讓主管覺得你「靠得住」。這種信任，來自每天的小事與態度，從準時交報告、主動回應、願意承擔風險，到情緒管理與他人關係的細節，都可能決定你的升遷潛力。

第一章　職場升遷的心理地圖：從被動等候到主動出擊

統合三力：
升遷不是運氣，是設計出來的價值總和

　　回到升遷的本質，我們可以發現，它其實是三股力量的合流：價值感、能見度與可信賴感。若這三者缺一，升遷之路就會變得格外艱難。你可以把自己想像成一項職場資產，而升遷就是這項資產在組織內部重新評價的過程。這過程中，主管與高層不只看你的「帳面績效」，更看你是否具備「未來價值」。

　　這三項元素需要長時間經營，但也可以刻意設計。你可以選擇進入跨部門專案來提升能見度，主動觀察組織發展動向來校準你的價值，並透過穩定回饋與行為一致性來建立可信賴感。這是一場職場升遷的系統設計，不是單靠拚命努力就能破解的升級任務。

　　當你開始以這樣的框架審視自己的每一個工作選擇與互動行為時，升遷不再是一個遙不可及的目標，而是一種由你自己控制、精準布局、漸進累積的職場成就。你不再被動等待機會，而是創造升遷的條件，讓它水到渠成。

第三節　升職是個心理戰：認知偏誤與辦公室政治的賽局

升遷不是公平競賽，
而是一場認知操作的心理戰

在我們成長的過程中，教育往往灌輸「公平競爭、努力必有收穫」的價值觀，因此許多人踏入職場後，理所當然地以為升遷也該如此運作。然而，現實中的職場卻是一個多重結構並存、價值判準複雜、權力動態多變的社會場域。在這裡，升遷從來就不是單一維度的選拔，而是多種心理偏誤、組織權謀與人際網絡的交錯競合。

心理學家丹尼爾・康納曼（Daniel Kahneman）在其著作《快思慢想》中指出，人類在決策過程中容易受到多種認知偏誤影響，例如初始效應、可得性偏誤、確認偏誤等。這些偏誤不僅存在於個人對同事或主管的看法中，更深深滲透在組織的升遷決策機制裡。主管不見得是在評估你的「實力」，而是在解讀你在他腦中留下的「印象」。

因此，升遷從來不是一場純技術性競賽，而是一場心理戰──你要能理解主管如何思考、同儕如何評價、組織文化如何傾斜，並在其中靈活穿梭，設計自己的「心理定位」。如果你堅持只靠努力硬碰硬，忽略職場中對話、關係與信任的心理結

第一章　職場升遷的心理地圖：從被動等候到主動出擊

構，那麼很可能會錯失升遷良機，甚至成為「忠誠卻邊緣」的苦力角色。

初始效應與升遷影響力的錯覺建構

在升遷的心理戰場上，初始效應是最早、也是最深植主管心智的認知偏誤之一。所謂初始效應，是指人們對他人最初的印象，會強烈影響之後的評價，即使後來資訊出現矛盾，也難以翻轉最初的認知。這在升遷場景中，表現得特別明顯。

試想，一位剛進公司的新人成績中等，但在入職初期因勇於發言、表達清楚，讓主管留下積極、主動、有潛力的印象，這樣的形象會在接下來的半年、一年內持續影響主管對他的判斷。即便此人之後表現平平，只要不出重大紕漏，主管依然可能在升遷名單上為他保留一席。而另一位長期穩定貢獻、卻一開始較為沉默低調的人，即使後來業績優秀，也較難翻轉初期形成的低溫印象。

這種現象在組織心理學中屬於「訊息初始定錨效應」，而能善用這一點者，往往能在升遷布局中占得先機。具體策略包括：入職初期勇於承接可見度高的任務、在關鍵會議中表現清楚、有邏輯的簡報能力、主動參與跨部門合作等，都是塑造有利首因印象的有效方式。你在主管心中的初始定位，可能遠比你想像中影響深遠。

第三節　升職是個心理戰：認知偏誤與辦公室政治的賽局

辦公室政治不是勾心鬥角，
是權力運作的現實

　　提到「辦公室政治」，許多人下意識會聯想到算計、搞小團體、打小報告等負面行為。然而，這是對職場政治的誤解。其實，真正的辦公室政治是資源競合之下的權力運作模式，它是一種結構性存在，而非個人道德問題。在有限資源（如職位、預算、曝光機會）下，每個人都在爭取更多主導權與影響力，這便是政治行為的本質。

　　根據法國社會學家米歇爾‧克羅澤（Michel Crozier）所提出的「權力理論」，權力的存在來自不確定性的掌握。那些能夠操控資訊、影響決策流程、或在人際網絡中擁有節點位置的人，自然就成為辦公室政治中的要角。升遷通常不只是主管的個人意願，也牽涉到部門平衡、高層期待、人資系統的配合與組織文化的調和，而能夠在這些關係網中遊刃有餘的人，才真正掌握了升職的「話語權」。

　　這不代表你要成為「政治人物」，而是要具備政治敏感度——理解誰在組織中有影響力、哪些議題是高層關注焦點、部門與部門間有何潛在角力、甚至什麼時機點提出什麼建議最容易被接受。這些看似細微、卻能顯著改變升遷機率的知識與策略，就是升遷賽局的關鍵籌碼。

第一章　職場升遷的心理地圖：從被動等候到主動出擊

情緒感染與從眾偏誤：口碑如何決定你的位置

在升遷過程中，你不是孤立地被評估，而是被整體團隊、人資主管與其他部門主管「集體感知」。這種集體感知會受情緒感染效應與從眾偏誤所驅動。當某人被幾位主管評為「穩定可靠、具潛力」，即使未有具體佐證，其他人也更傾向附和，而非唱反調。這種群體一致性的評價傾向，使得「口碑」成為左右升遷的一種軟性力量。

這就是為什麼有些人在你看來「沒那麼強」，卻總能在升遷會議中被推薦。他可能常參加團隊活動、與不同部門保持良好互動、情緒穩定、樂於協助他人，這些行為累積出的正向口碑，在升遷討論中會被轉化為「這個人可以接得住主管角色」的判準。

從實務上來說，這告訴我們：升遷並非純技術比拚，而是一場持久戰，要從平時的互動中經營信任與聲望。不要忽視茶水間的問候、跨部門合作時的回應速度、以及是否願意在同事遭遇困難時伸出援手。這些小事構成你在組織裡的情緒氣場，而這個氣場會直接影響你升遷時的支持度。

從反應者變為主導者：升遷心理戰的逆轉關鍵

想要在心理戰中脫穎而出，就必須主動擁有自己的「定位權」。這意味著，你不能只當一個任務的反應者，而是要成為組

第四節　從生存到上位：職場角色認知的轉變

織議題的主導者。主動參與決策、提出具建設性的建議、發掘部門瓶頸與資源漏洞，這些行為會讓你從「被評估者」的被動角色，轉換成「價值創造者」的主導角色。

此外，升遷布局還需結合自我形象管理——即刻意設計與展現自己在組織中的角色定位。例如在重要專案中擔任召集人、在主管面前彙整團隊成果時突出貢獻者身分、主動向上反映市場趨勢與組織建議等。這些都是讓主管與組織高層看到你「已經在做像主管的事」的方式。

最後，你還必須練習從主管的角度看世界。主管並非永遠理性，他們會累、會怕犯錯、會被高層壓力追趕。當你能理解並支援這些心理壓力時，你就不只是個好員工，而是個能讓他「少操心」的得力助手——而這樣的人，往往會成為下一位被提拔的人。

第四節　從生存到上位：職場角色認知的轉變

生存思維的框架限制了你的上升空間

多數人進入職場的起點，都是從「生存模式」出發。這種模式的核心是「不要犯錯」、「任務完成就好」、「只要交代的事情做完就算合格」。這並非錯誤的起手式，但若長期停留在此，勢

第一章　職場升遷的心理地圖：從被動等候到主動出擊

必會限制一個人向上成長的可能性。因為生存模式的本質，是反應型與被動型的，它缺乏對未來的預見性與策略性，導致個體難以在組織中跳脫基本執行者的定位。

根據人力資源管理理論中的「職能模型」，員工的成長可分為基礎職能、進階職能與領導職能三個層次。許多停留在第一層的工作者，表現穩定、執行力強，卻始終無法向上晉升，原因在於他們仍然以「任務完成」作為職涯評價的終點。這種以工作清單為中心的操作方式，無法展現出主動發現問題、規劃流程、整合資源與帶動變革的能力，而這些，恰恰是升職所需要的要素。

要從生存走向上位，首先要突破的就是認知框架的局限。你不能只問：「我今天要完成哪些任務？」而是要學會問：「我今天能幫這個團隊達成什麼目標？」、「我是否能優化流程、釋放資源、提出創新想法？」、「我做的事情，如何幫助主管解決壓力？」只有當你從「完成工作」跳躍到「創造影響」的思維階層，升遷的大門才會向你打開。

角色轉換的關鍵是「職場視角」的躍升

你與升職之間的距離，不在於工作能力，而在於視角的高度。生存型員工關心的是「我該怎麼把工作做好」，而上位者關注的則是「這件事情對整體有什麼策略意義」。這中間的鴻溝，並不是靠加班、勤奮、努力就能自然跨越的，而是需要透過「角

第四節　從生存到上位：職場角色認知的轉變

色重建」與「視角轉換」來完成。

　　許多晉升失敗的人，其實卡在「視角沒有進化」。他們即使擁有豐富經驗、穩定績效，仍將事情視為個人任務來處理，缺乏跨部門、跨流程、跨資源的整體整合觀。當這樣的人進入高位時，往往難以承接領導角色所需的策略規劃與情境應變能力，也因此，在升遷會議中，主管們往往傾向於選擇「視角成熟者」，即便對方的工作資歷較短。

　　「主管之眼」的培養，是角色認知轉變的關鍵。你要練習像主管一樣思考，站在部門領導或公司營運的角度思考問題：預算該如何配置？流程是否能精簡？哪個部門的決策會影響我們的產出？高層真正在乎的是什麼？當你能夠模擬上位者的思維框架，你的語言、判斷與行為自然就會逐漸與升遷角色對齊，進而被納入升職考量的雷達範圍內。

從承接任務者到主動發動者的角色蛻變

　　一位升遷潛力高的員工，與一位努力卻停滯的員工，最關鍵的差異，往往不在於能力，而在於「誰先啟動改變」。升遷不是靠等待，而是靠設計。你必須從「等主管指派任務」的被動角色，轉變成「主動創造任務場景」的角色。也就是說，你不是完成工作，而是製造工作、創造價值。

　　這樣的角色轉變，必須基於三個具體行動：第一，主動辨識問題與瓶頸，而不是等著別人提出；第二，整合資源與人脈

第一章　職場升遷的心理地圖：從被動等候到主動出擊

來解決問題，而不是只靠自己蠻幹；第三，能夠在小型任務中練習「微領導」角色，例如主導專案、協調會議、支援新人成長等。這些「不是你責任、但你願意承擔」的行為，會在主管心中建立「他有領導潛能」的潛在標籤。

此時，你的身分已悄悄發生變化——你不再只是部門裡的齒輪，而是團隊的推動者。這種推動者的角色會讓你逐漸進入升遷網絡中，成為人資系統與高層視野中「值得被考慮」的對象。職場不是按表操課的教室，而是權力與責任的運作系統，只有那些主動上場、創造結果的人，才有機會站上更高舞臺。

領導者的行動邏輯：從「我」到「我們」

另一個角色認知的躍遷關鍵，是從「我做得好」轉變為「我讓別人也做得好」。當你開始思考「如何讓整體部門績效更好」、「我該怎麼幫助團隊成員發揮優勢」、「我能否建立一個穩定且有動能的工作流程」，你已不再只是個人工作者，而是在建構一個微型系統。而升遷的本質，就是讓你管理越來越大的系統。

這種角色認知來自於「領導行為模式」，即個體是否具有帶領他人、支援他人、影響他人與連結他人的能力。這些能力不是等你當主管才開始培養，而是你在原職位上就該內化實踐的。從每一次會議安排、任務分配、跨部門合作、對新人指導中，都能看出你是否具有「從我到我們」的視角與心態。

在組織中，被視為升遷對象的人，通常不是那個最會做事

第四節　從生存到上位：職場角色認知的轉變

的人,而是那個能讓整體更有秩序與前進動能的人。你若一直只關心自己的工作,無法看見整體策略、團隊運作與人際關係的連動,就難以承接主管的角色。唯有當你開始設計團隊文化、分工機制、人才培育時,你才真正從「個人」進化為「領導者」。

自我認知的成長決定你能走多遠

最後,角色的轉變,始終回到一個根本點:你如何看待自己?很多人的升遷之路其實是被自我設限所阻礙,他們總以為自己「還不夠格」、「不夠有經驗」、「只是配合型人格」、「沒那種野心」,這些潛意識的自我定義,逐漸形塑出「無法上位」的習慣性角色定位。

根據自我效能理論,一個人對自己完成任務的信念將顯著影響其行為與成就。當你相信自己有能力承擔領導任務、能勝任高壓決策、能夠設計團隊成果時,你的行為就會開始轉變,主管與團隊也會逐漸產生不同的回饋與期待。而這個回饋循環,正是升遷過程中最關鍵的動力系統。

你不需要等別人給你身分認同,而是要先在心理上建立「我已經是這個角色的人」的自我定位。當你的語言開始改變、行動模式逐漸成熟、反應模式變得更有節奏與邏輯,升遷自然會成為你「應得的結果」,而非「求來的機會」。

第一章　職場升遷的心理地圖：從被動等候到主動出擊

 ## 第五節　升遷焦慮的根源與心理調適法

焦慮來自不確定，而不是能力不足

在職場升遷的旅途中，焦慮是一種普遍存在的情緒，它潛伏在每一次年終考核、每一次組織改組與每一次人事變動的背後。你可能會問：「我到底會不會被提拔？」、「主管到底怎麼看我？」、「我是不是被邊緣了？」這些問題之所以令人不安，不一定是因為你缺乏能力，而是因為你無法掌控結果。

心理學家漢斯・薛利（Hans Selye）所提出的壓力理論中指出，壓力的本質來自於「對未知未來的無力感」。當升遷與否不再純粹是努力的結果，而是與組織政治、人際關係、主管主觀感受甚至整體經濟環境相關，個人對未來的預測性與可控性就會大幅降低，也因此，焦慮感隨之而來。

這種焦慮是一種複合性的心理壓力。它不只關乎職涯前途，也牽動自我價值認定與社會比較心理。你看到同期同事升了、別的部門學弟妹被拉拔，你內心的不安感加劇，甚至懷疑：「是不是我哪裡不夠好？」這種質疑本身會侵蝕你的信心與行動力，形成一種自我否定的情緒循環。

因此，要對抗升遷焦慮，第一步不是行動策略的調整，而是對這種情緒本質的覺察與理解。當你知道自己焦慮的根源是

第五節　升遷焦慮的根源與心理調適法

「不可控性」而非「無能力」，你才能開始重新建立自我心理秩序，走出內耗狀態，回歸主動的職涯規劃者角色。

從比較心態中抽離，重建自我定位

升遷焦慮之所以難以解決，另一個原因是「比較心態」的強烈滲透。你原本對自己的工作節奏與發展路徑還算滿意，但當身邊的某個同事突然被提拔，你的評價標準瞬間被外部拉動：「他都升了，我怎麼還沒？」這種相對剝奪感會讓你產生不公平的憤怒感與不確定的失衡感。

社會心理學指出，人的自我評價往往不是絕對性的，而是透過與他人的比較來建立。當你把升遷視為社會地位的象徵，就會不自覺將他人的進展視為對自己的否定。然而，職場的每一個升遷決策背後都有組織策略、人力結構與高層意圖的複雜考量，並非單純的「誰比較好」問題。

要從這種比較焦慮中抽離，關鍵在於「重建自我定位」。你需要回到自己內在的價值系統，重新界定什麼才是真正適合你、值得你投入的職涯方向。或許你的節奏較慢，但更穩固；或許你的目標不是垂直升遷，而是橫向發展與專業深耕；或許你暫時未被選中，是因為你尚未進入那個「升遷時間點」，而非你不夠優秀。

當你將注意力從外部比較轉回自我成長，從「我和別人比」轉為「我和過去的自己比」，你會發現焦慮的力道減弱，行動的

第一章　職場升遷的心理地圖：從被動等候到主動出擊

主體性也隨之回復。你不再是職場局勢的被動觀察者，而是職涯藍圖的主動建築者。

升遷的等待期，是心理韌性的鍛鍊場

許多人在升遷的等待期感到焦慮，原因在於「過渡期的不確定」使人無所適從。你不知道自己什麼時候會被提拔，也不知道是否已被納入考量名單，整個等待過程中，既無法鬆懈，又無法確定是否值得繼續投入。這種心理懸浮狀態，很容易讓人陷入倦怠與焦慮交錯的內在拉扯。

這時最需要的，其實不是外界給你明確答案，而是你能否從內部建立一套「等待中的自我秩序」。你需要一套節奏感，一個讓你在尚未升遷的此刻，也能感受到掌控感的生活與工作方式。這可能是為自己設定小型專案挑戰，也可能是進修、學習、橫向拓展、跨部門合作，總之，你要讓自己在等待升遷的同時，也持續有成就感的輸出與成長。

心理學家卡蘿・杜維克（Carol Dweck）所提出的「成長心態」認為，人若能把失敗與停滯視為學習與調整的機會，就能轉換焦慮為能量。你可以將升遷的等待期視為一個「自我升級」的時期，而非「懸宕未決」的拖延期。這樣的思維轉換，能有效提升你的心理韌性，並讓你在升遷真正到來時，已是準備妥當、底氣充足的狀態。

第五節　升遷焦慮的根源與心理調適法

建立內部回饋機制，
避免情緒過度依賴他人肯定

　　升遷焦慮的第三個常見來源，是將情緒價值過度建立在外部肯定上。當一個人太依賴主管的評價、同儕的眼光、人資部門的動向來決定自己的好壞時，就會陷入一種「情緒外包」的風險結構中。這樣的狀態下，任何來自外界的延誤、忽視、甚至中性反應，都可能被誤解為「否定我」、「不被看見」、「我是不是要被淘汰了？」

　　職場心理學強調「內部回饋系統」的重要性。你必須有能力在沒有掌聲的時候，也能為自己鼓掌；在暫時沒被提拔時，也能堅信自己的價值與節奏不容否定。這不代表你要否認現實，而是你要有一個更深層的自我對話能力 —— 不再把自己是否值得升遷，寄託於外界的每一次會議與流言，而是能夠在混沌中清楚定錨自己的努力方向。

　　具體做法包括：定期自我檢視目標進度、建立私人反饋日誌、找尋值得信任的職場導師、參與專業社群給予互助性肯定、練習自我肯定語言等。當你情緒價值的根基越紮實，你就越能穿越升遷過程中的起伏與模糊帶，以一種「即使還沒輪到我，我也值得」的成熟狀態穩步前行。

第一章　職場升遷的心理地圖：從被動等候到主動出擊

情緒調適不是壓抑，而是轉譯

最後，必須提醒的是，情緒調適並不代表要壓抑或否定你的焦慮，而是要「轉譯」這種情緒為行動的訊號。焦慮本身是一種高能量狀態，它提醒你某些事情正在醞釀變化，它可能是突破的前兆，也可能是過勞的警訊。你不應該逃避它，而是要學會讀懂它、解釋它，然後透過實際的規劃與行動，讓焦慮的能量轉化為前進的動力。

心理調適的核心是承認焦慮，但不被焦慮主導。你可以在心中說：「我很想被提拔，但我更想成為值得提拔的人。」這句話的背後，是行動的控制權已經回到自己手中，不再仰賴他人的即時回饋或決定結果。

從升遷焦慮中走出來，不是要你變得冷漠或不在乎，而是要讓你成為能夠在情緒風暴中保持方向感的人。當你不再急於證明，而是穩穩地耕耘、精準地布局，升遷就不再是一場心理折磨，而是一場職涯的長期選擇。

第二章
績效不等於升遷：
從 KPI 到「看得見的績效」

第二章　績效不等於升遷：從 KPI 到「看得見的績效」

 第一節　真正被看見的績效長什麼樣子？

KPI 只是底線，績效能見度才是升遷關鍵

在許多人的職場邏輯中，只要達成公司設定的關鍵績效指標（KPI），就應該理所當然地獲得升遷。然而，這種直線思維往往導致極大的挫折與困惑：為什麼績效打得高、工作量大、任務完成率百分百，卻仍然沒被提拔？原因在於，組織內部的升遷考量，從來就不只是 KPI 達成，而是「被誰看見」與「被怎麼詮釋」。

從人力資源觀點來看，KPI 是一種任務導向的績效衡量方式，通常僅反映「量的達成」。但升遷所依賴的，是價值導向的績效觀──你所做的事情是否有策略意義？是否創造部門或公司的增量價值？是否能被上層或關鍵決策者所感知？這些才是「可見績效」的核心。換句話說，你不只要做得好，還要做得「被看見」且「值得信賴」。

因此，那些只專注在執行面、將 KPI 視為職場全部的人，常常會淪為組織裡的「隱形功臣」。他們可能是績效數字的主力，但在高層眼中卻沒有留下深刻印象，因為他們從未讓自己的貢獻進入組織的「視覺化系統」中。這樣的落差，正是升遷與績效不對等的關鍵原因。

第一節　真正被看見的績效長什麼樣子？

績效呈現不是誇張，而是翻譯

在實務職場裡，「做得好」與「讓人知道你做得好」是兩件截然不同的事。許多人誤以為績效的價值會自動被看見，但現實中，資訊流通的限制與組織溝通的斷層，常常讓真正的貢獻者無法出現在決策者的視野中。這時，績效的翻譯與呈現能力就變得格外關鍵。

所謂績效翻譯，是指你要懂得把自己的工作成果，轉化成高層聽得懂、看得見、感受得到的語言。比起說「我這個月完成了十份報告」，更有說服力的是：「我彙整的十份報告協助主管精準掌握市場變化，成功讓部門產品方向調整提前一個月，降低開發成本 10%」。前者是陳述任務量，後者是呈現任務價值。

此外，績效的呈現不能只是個人自說自話，而應該融入組織語言與策略語境。你要懂得使用高層常用的指標詞彙、結合部門或公司當前的目標（如「效率優化」、「數位轉型」、「營收提升」、「風險控管」等），讓你的貢獻與整體策略連結。這種對齊語言的能力，是績效被看見、被記住、被認可的必要條件。

績效的結構包含人脈、信任與貢獻感知

績效若想成為升遷的推進器，就必須突破「單點輸出」的限制，進入「網絡傳遞」的機制。這表示你的績效不應只存在於你的工作報告中，而應該流動在組織的關係網中，讓多位關鍵人

第二章　績效不等於升遷：從 KPI 到「看得見的績效」

物都能在不同場景中感受到你的價值。這需要的不只是做事能力，而是「社會資本」的建構。

社會資本理論指出，一個人在組織中的價值不僅來自個人能力，更取決於他與他人連結的品質與強度。當你常與跨部門合作、主動回應高層期待、善於支援同事任務，你的績效就不再只是你一個人的數據，而會被包裝成「這個人可靠、穩定、有貢獻」的整體評價。

特別是在升遷會議中，很多決策是根據印象、口碑與情境判斷進行的。若你讓多位主管在不同時間點都感受到你的貢獻，他們在關鍵時刻就會為你說話。這種績效的網絡化，遠比你每季報告上的 KPI 數字來得有力。績效，不只是你做了什麼，更是別人感受到你做了什麼。

績效指標的再設計：從成果到意義

你想要被升遷，就不能只交出任務成果，還必須讓主管知道這項成果的「意義」──它怎麼幫助公司？如何連結整體策略？又能否為未來鋪路？這種從「成果導向」轉為「意義導向」的思維模式，正是高潛力人才與一般工作者最大的差異。

根據績效管理理論，真正能促進個人職涯發展的績效，需包含三個層面：一是可量化成果（目標是否達成），二是可描述的行為（你怎麼達成的），三是可延伸的影響（你對組織產生了什麼長期價值）。多數人只停留在第一層，少部分進入第二層，

第一節　真正被看見的績效長什麼樣子？

只有極少數人能夠用第三層績效說故事,而這些人,正是升遷決策中最常被提拔的對象。

舉例而言,你不是單純說「我完成了五項企劃」,而是進一步說明:「這五項企劃中,有兩項已進入市場推行,年初預估帶來業績成長 8%;我也在過程中訓練了兩位新人,使部門具備未來戰力。」這樣的描述,不只是「做事」,而是「造局」。你讓主管看見你對未來有規劃、有貢獻、有延續力,自然會將你納入升遷名單。

預期績效才是升遷的起點

最後,真正被看見的績效,不只是已完成的任務,而是你未來能做到什麼的信號。主管在升遷時,看的不是你已完成的成果,而是你是否能承接更多責任、面對更複雜場景並保持穩定。這是「預期績效」的概念,它不是你現在的工作成果,而是你未來的行為預測模型。

這時,你需要展現的是潛能、邏輯性、情緒穩定性與領導氣質。你如何回應突發狀況?你能否清晰溝通部門需求?你在高壓下是否依舊理性判斷?這些都是主管預測你升遷後能否勝任的依據。因此,你的績效不應局限於數字與報表,而應拓展為一套整合性訊號系統:你說什麼、你做什麼、你給人的感覺,是否一致地傳達「我準備好了」這個訊息。

當你的行為穩定釋放出這種訊號時,升遷就不再是一個「等

039

待被選擇」的過程，而是一個「逐步被認可」的結果。真正被看見的績效，不只是結果，而是一種關於你的組織敘事，它連結現在的成果、過去的紀錄與未來的潛力，讓你成為升遷討論中無可取代的選項。

第二節　避免淪為「工具人」：價值輸出的心理學

做事與升職的邏輯並不對等

職場中有一種人，總是第一個到公司、最後一個離開，任何主管交代的事情都使命必達，開會從不遲到，報告永遠準時上繳，是團隊中大家口中的「最可靠執行者」。然而，奇怪的是，這樣的人經常淪為升遷名單之外的「萬年基層」，甚至在組織再造時最先被犧牲。為什麼這樣的忠誠與努力，反而無法轉化為職涯上的上升力道？

關鍵在於這類人往往被困在「工具人心態」裡。所謂工具人，是指一個人長期將自己的工作價值局限於他人需求的滿足上，缺乏主體性與策略性，最終成為別人達成目標的工具，而非能夠主導任務的人。這種角色容易被喜愛，但不容易被重用；容易被仰賴，但不容易被提拔。

第二節　避免淪為「工具人」：價值輸出的心理學

心理學中的「自我效能感」(self-efficacy)概念提醒我們，一個人若過度依賴外界任務來建立自己的職場價值，將逐漸失去對工作的主控力與目標意識。當你只關心「主管叫我做什麼」，而不是「我怎麼讓這件事發揮最大價值」，你就會變成永遠在等待指令的執行體，而非能夠主動創造結果的策略者。升遷，是給那些能夠掌控局面的人，而非只會聽命行事的人。

被需要 ≠ 有價值：認知價值輸出的陷阱

許多工具人式的員工，內心其實渴望被認可，但由於缺乏對職場價值的正確認知，他們不斷透過「無條件配合」來換取存在感。他們以為「主管找我幫忙代表我重要」、「大家交任務給我就是信任我」，卻忽略了另一種可能性——你被需要，可能只是因為你不會拒絕。

從心理學角度來看，這是一種典型的「關係型認同」錯位。你將自己的職場價值建立在「對他人有用」這個基礎上，於是當別人不再找你幫忙時，你反而會感到不安。這種角色陷入，讓人習慣性壓抑自我期待、委屈自我時間，卻在無形中築起了升遷的天花板。因為在主管眼中，你的角色早已被標記為「支援型」，不具備主導決策、推動變革的潛力。

人力資源策略中談及「價值貢獻鏈」時，強調的是：你所做的事情，是否推進了組織的整體目標、是否創造可被量化或轉譯的效益、是否能形成新的制度或知識資產。若你只是完成被

交付的任務，而未曾試圖讓這些任務產生影響力或延展性，那麼你的價值就在完成那一刻戛然而止。

升遷思維要從配合者轉為設計者

避免成為工具人的核心關鍵，就是從「被動角色」轉變為「主動設計者」。你要從任務的接受者，變成任務的架構師與資源整合者。這並不代表你不做事，而是你要選擇「怎麼做」、「為什麼這樣做」、「是否有更高效的方式」，讓你的每一項輸出都具有策略性。

心理學家亞伯拉罕‧馬斯洛（Abraham Maslow）所提出的「自我實現」概念，在職場中可轉譯為「創造性工作」。也就是說，當一個人將職責視為個人意義的承擔，並試圖在既有任務中找出創新與改進的可能性時，他就會從單純的工具人蛻變為價值生產者。這樣的角色，才具備升遷所需的主動性與策略視角。

實務上，你可以從以下幾個角度切入轉變：一、主動參與工作流程設計，而非僅接受分派；二、主動協調跨部門資源，讓工作成果擴大效益；三、主動提出改善建議，讓任務執行具有學習與複製價值；四、主動為新進人員建立標準作業流程，提升整體團隊能力。這些「額外動作」所建立的價值，會讓主管看到你不只是任務完成者，而是團隊能力的建構者。

第二節　避免淪為「工具人」：價值輸出的心理學

情緒邊界感與拒絕的勇氣

　　成為工具人往往與「過度順從」與「害怕衝突」有關。當一個人缺乏情緒邊界感，無法說「不」、無法適當表達自己的工作負荷與時間安排，最終就會被過度壓榨，並且在疲憊中逐漸失去主動性。久而久之，主管與同事甚至會習慣於將你當成「全天候服務」的角色，而你也會無形中被標籤為「執行底層」。

　　「助人者疲勞」，即過度投入他人期待、過度配合他人需求，導致自我耗損與職涯停滯。要避免這種職場心理陷阱，你必須練習設定清晰的邊界，並且勇於表達：「我現在無法承接這件事，但我可以協助找人」或「這件事需要多一點時間安排，否則品質會受到影響」。

　　職場上的拒絕不是冷漠，而是一種成熟的角色感。當你能理性分配時間、清楚表達能力界線、合理提出資源請求，主管會更願意將真正有策略意義的任務交給你，而不是將你當成什麼都能做、但永遠無法升的萬能兵。記住：被需要不等於有價值，能選擇價值輸出的方式與時機，才是真正的職場主控權。

價值輸出要轉向可見、可延展與可接替

　　從工具人走向升職者的最後一個關鍵，是你輸出的價值必須是「可以被看見、可以被延續、可以被接替」的。可見代表你要讓正確的人知道你做了什麼；可延展代表你做的事能複製、

第二章　績效不等於升遷：從 KPI 到「看得見的績效」

能創建標準、能提升組織整體效率；可接替則代表你已建立制度化機制，而非一切都綁在你個人身上。

這樣的輸出方式，才能真正讓你「從戰術轉向策略」──你不是自己一人苦撐，而是讓整個團隊或部門在你的設計下更順利運作。當你創造的是制度性價值、而非僅靠個人苦力，主管自然會看到你具備「放大影響力」的能力，這也正是升遷的核心特質。

人力資源領域將這種能力稱為「關鍵人才可替代性設計」，亦即是否能將原本仰賴個人的貢獻，轉化為可以由他人承接的流程與知識。這樣的人，才不會在升遷時因「他走了就沒人能接」而被卡死在原位。真正的升職候選人，從來不是那個最離不開的人，而是那個能讓組織更穩、更快、更好的推進者。

第三節　領導者觀點：升誰才會讓整體績效最大化？

升遷不是獎賞個人，而是優化整體的策略布局

多數職場工作者會將升遷視為個人的努力回報，然而，對領導者而言，升遷從來不是一種回饋制度，而是一種組織效能的調整策略。升誰、什麼時候升、升到哪個位子，這些決策背後都在解決同一件事：整體績效如何被最大化。若升遷的人選無法提升團隊戰力，甚至成為結構中的阻力，這樣的升遷就是錯誤的投資。

第三節　領導者觀點：升誰才會讓整體績效最大化？

　　管理學大師彼得・杜拉克（Peter Drucker）曾說過：「管理的首要職責，是讓普通人做出不平凡的表現。」而要達成這點，關鍵就在於組織中每一位擁有資源調配權的人，能否發揮其影響力，讓整體人力運作更有效率、更有方向感。因此，升遷的對象絕不會只是「表現最好的人」，而是「對整體最有放大作用的人」。

　　這樣的升遷邏輯，意味著你在職場上所展現的，不能只是個人競爭力，而必須是能影響他人、整合資源、提升團隊合作力的能力。這些能力不一定能用 KPI 衡量，但卻是領導者在評估升遷時最在意的「潛在價值」。

領導者尋找的不是能幹，而是「能讓別人更能幹」

　　一位主管曾這樣說：「我要升的不是那個事情做最多的人，而是那個讓事情變得更容易做的人。」這句話道出了升遷決策的核心：主管要找的，不是英雄，而是促進者。升遷是一種對未來的投資，而領導者想要的，是一位可以提升整體產能的人，而不是只能獨立完成任務的人。

　　組織心理學的研究指出，在高績效團隊中，真正創造績效突破的人，往往不是那些完成最多任務的成員，而是那些能夠協調不同立場、啟動他人行動、在衝突中維持合作氛圍的人。這種角色被稱為「社會動能者」，他們的存在讓整個團隊的運作更有彈性與效率。

　　從領導者角度來看，若一位候選人在原職位上表現再好，

第二章　績效不等於升遷：從 KPI 到「看得見的績效」

但缺乏帶人、整合、授權與回饋的能力，將來即便升職，也容易成為部門內部的瓶頸。相反地，一位懂得讓他人成長、幫助新人成熟、願意承擔合作任務的人，即便目前尚未完全具備所有技術能力，也有更高機會被提拔，因為他已經展現了「能讓別人更能幹」的潛能。

組織需要「穩定性領導」而非「爆發力選手」

職場中常有一種錯誤印象：只要業績爆發、專案驚豔，就應該被升遷。然而，在領導者眼中，真正關鍵的不是你能不能做一次好事，而是你能否在長時間裡維持穩定輸出。升職意味著你要扛得住組織不穩定的波動，這需要情緒穩定、抗壓能力與價值一致性，而非偶發的亮眼表現。

「穩定性領導」是一種系統化影響力的展現。你要能夠在專案混亂時讓團隊穩定、在高壓任務下維持節奏、在跨部門磨合中協調立場。這些行為能力才是主管最在意的選拔指標。換言之，升遷不是看你「會不會出手」，而是看你「會不會撐場」。

美國人力資源發展學者麥可・隆巴多（Michael M. Lombardo）提出過「高潛力人才三大特質」（learning agility, emotional intelligence, organizational savvy），其中情緒智力與組織敏感度，就是評估穩定性領導的重要依據。主管會觀察：這個人情緒是否可控？是否能理解組織動力？是否能在利益衝突中保持平衡？這些，往往比一時的成果更有說服力。

第三節　領導者觀點：升誰才會讓整體績效最大化？

升遷的風險評估：
主管看的是「接得住」不是「拼得快」

升遷的本質，是責任的轉移與風險的重分配。每當一位員工被升職，主管其實是在做一種風險決策——這個人是否有能力「接得住這個位置」？是否能守住部門穩定性？是否能在關鍵時刻帶領團隊不崩盤？這些考量常被具體化為：「如果我把這個位子交給他，我能放心嗎？」

因此，在升遷考慮中，主管會特別重視以下幾點：一、這個人是否願意承擔責任？二、在壓力下是否能冷靜處理？三、是否會情緒外顯、把事情搞大？四、能否管理上下關係、平衡橫向合作？這些都是所謂的「接得住」的條件。升遷不是給你「衝更快」的動力，而是讓你「撐得穩」的任務。

這也就是為什麼一些衝勁十足、業績亮眼的人，最終卻未被提拔。他們的風格可能太過單點爆破，缺乏組織觀與持續性，讓主管擔心升遷之後會變成「失控因子」。升遷需要的是系統維穩者，而不是僅靠個人魅力撐場的明星。

真正的升遷候選人，是解決問題的人

升遷不是對工作的肯定，而是對問題處理能力的授權。領導者會升誰？會升那個遇到問題會冷靜處理、能提出解方、能整合意見、能收拾混亂、能化解衝突的人。因為他們知道，一

第二章　績效不等於升遷：從 KPI 到「看得見的績效」

旦進入管理職位，將不再是比誰執行得好，而是看誰能讓組織面對混亂時，還能前進。

這類人才通常具有「情境領導力」——能根據不同局勢調整自己領導方式與溝通模式，且不僅限於自身部門，而能橫向連結與外部系統協調。他們不只是「會做事」，更能「做讓組織前進的事」。這種人，就是升遷會議上最令人信賴的選擇。

因此，若你希望成為升遷名單中的常客，就必須讓自己成為那個「別人想要你升」的人，而不是只想著「我努力了，為什麼還不升」。換個角度想：當主管坐在升遷會議上，他會問的不是「誰最優秀」，而是「誰升上去後，整個團隊會更好運作？」當你能讓這句話的答案是你，升遷就不會離你太遠。

第四節　職能評鑑與升遷潛力模型

升遷不是憑感覺，而是系統性的人才判讀

許多上班族以為升遷來自主管的個人偏好，其實不然。在多數中大型企業中，升遷決策早已導入一套系統性的架構——職能評鑑。這套系統將人才的專業能力、行為特質、學習潛力與組織適配性具體化，使升遷不再只是主管一句「他表現不錯」，而是來自一連串量化與質化的交叉驗證。

根據相關研究報導，有效的職能模型能大幅提升升遷決

第四節　職能評鑑與升遷潛力模型

策的公信力與準確率。它以科學方式定義「什麼樣的人適合升遷」，並據此建立一套人才辨識標準，避免主管僅以印象或單一事件做出錯誤選擇。對組織而言，這是風險控管的手段；對個人而言，這也是看見自己職涯潛力的重要鏡子。

　　職能評鑑的設計邏輯，通常會根據公司核心價值與領導職位所需能力進行「職能對齊」。也就是說，每一項能力都是為了解決具體的組織需求。例如：在變動快的產業，學習敏捷度可能比專業深度更重要；在跨國組織，文化敏感度與語言協調能力就會被放大評估。升遷，不再是單靠「績效完成率」，而是全面性的職能對標。

「高潛力」不是表現最好，而是成長最快

　　談到升遷潛力，我們必須認識一個人資領域的重要概念：「高潛力人才」（High-Potential Talent, HiPo）。HiPo 並不等於現在表現最出色的人，而是具備未來可承擔更大責任的「成長曲線」。

　　在企業的人才盤點中，HiPo 被視為公司未來的接班梯隊，是領導力培養的種子對象。他們未必是當前 KPI 最高的那群人，但他們具有三項關鍵特徵：一、學習敏捷度高；二、面對挑戰時反應快、抗壓性強；三、價值觀與組織文化一致。這些人是「可塑性高、願意承擔、組織想留」的理想對象。

　　要進入這樣的人才池，你不僅要有能力，還要讓組織看到

第二章　績效不等於升遷：從 KPI 到「看得見的績效」

你有潛能，而這正是職能評鑑的核心目的。你不應只關注現在做得多好，而要更關心自己是否能勝任下一個角色。這就需要你平時就開始展現未來管理職所需的能力，包括：系統思考、資源分配、團隊激勵、跨部門合作與策略溝通。

職能模型中的三大評鑑面向

一套完整的職能模型，通常涵蓋三大核心面向：技術職能、通用職能與領導職能。

首先，技術職能強調的是工作本身的專業知識與執行能力，例如財務分析、行銷規劃、程式設計等，這是你是否能勝任目前工作的基礎條件。

其次，通用職能是每個部門通用的行為能力，如溝通協調力、問題解決能力、時間管理、團隊合作等。這些屬於跨職務、跨層級的基礎能力，若表現不佳，常常會讓主管懷疑你是否能融入組織。

最後也是最關鍵的，是領導職能。這包含願景設定、策略思維、授權與控管、人才培育、變革推動等。即使你尚未在管理職位，也應該開始培養這些能力，讓主管在觀察中自然產生「他能帶隊」的印象。

升遷所依據的，往往就是這三層職能中的「跨域綜合分數」。你可以透過自評量表、主管訪談、360 度回饋或人資評鑑

第四節　職能評鑑與升遷潛力模型

系統，逐步瞭解自己在哪些面向表現突出，哪些則還需補強，並據此規劃下一步成長路徑。

職能雷區：升遷失利者常犯的盲點

了解職能評鑑，也能幫助我們拆解那些「努力很多卻總與升遷無緣」的困境。這些失利者常犯的錯誤，並不是「不夠優秀」，而是「不對齊」。

第一種常見錯誤是技能過剩但人際合作低落。這類人才過度專注在技術精進，卻忽略與人合作的重要性，導致部門運作受阻、橫向協調不順，升遷自然被擱置。

第二種是績效穩定但缺乏領導潛能。他們或許每天按表操課，執行能力強，但從未展現主動規劃、整合資源、帶動團隊等能力。組織在判斷是否能勝任更高職位時，自然缺乏信心。

第三種是價值觀錯配與文化不符。有些員工能力強、作風犀利，但行事風格與公司文化相斥，主管會擔心他升上去後會造成組織內部摩擦。這在職能評鑑中，會被列為「高績效、低潛力」類型，通常不被列入晉升培養計畫。

了解這些盲點，你才能避開它們，調整自己的行為與認知方向，讓自己的努力真正符合升遷邏輯。

第二章　績效不等於升遷：從 KPI 到「看得見的績效」

自我職能盤點：升遷準備的第一步

如果你不想在職場裡只是默默工作、等著某天升遷降臨，那麼現在就該主動為自己做一次職能盤點。請你思考以下幾個問題：我的技術是否還具備競爭力？我在人際互動上的風格能否支持團隊合作？我是否有管理思維的展現機會？我的行為風格與組織文化是否對齊？

你可以找一位信任的主管或資深同仁進行非正式的職能對話，也可以使用企業內部的人才發展工具、自我評鑑表或 360 度回饋機制，進一步建立個人職能檔案。這不只是為了升遷，更是為了讓你的職涯走得更有方向感與策略性。

此外，當你開始用「潛力模型」來看待自己的成長，不再單純追求績效數字，而是思考「我是否是那個能讓整體變更好的人」，你就已經站在升遷道路的門檻上。升遷從來不是靠運氣，而是靠對自己職能的深度經營與對組織需求的敏感連結。

第五節　自我檢視與升遷的績效對話

升遷從對話開始，而非等待通知

多數人誤以為升遷是一種「被動接受」的結果：等主管來找你談、等人資主動提拔、等公司政策改變職位結構。然而，真

第五節　自我檢視與升遷的績效對話

正的升遷往往始於一場主動發起的對話──你與主管之間關於績效與角色的深度溝通。這不是一場簡單的成績單展示，而是一場展現成熟度、覺察度與潛力定位的職涯對話。

在組織心理學的研究中，績效對話被視為影響員工發展與留任意願的關鍵因素。這種對話若能善加設計，不僅能幫助主管理解你真實的貢獻，也能讓你掌握組織對未來人才的期待，進而調整自己的行為策略與職能發展方向。

但許多人要不是羞於開口，就是錯誤地將績效對話等同於「爭功討賞」或「向上抱怨」，結果不僅無法提升職涯形象，反而讓主管對你產生防備或誤解。真正有效的績效對話，必須建立在三個核心基礎上：自我覺察、組織語言與雙向願景。這三者交會時，才可能讓對話轉化為升遷的起點。

自我檢視的技術：把績效說成策略故事

開啟績效對話前，第一步是誠實自我檢視。這不只是盤點你做了什麼，更是反思你創造了什麼、影響了什麼、推動了什麼。這樣的檢視要有深度，才不會淪為「我很努力」或「我把事做完」這類低階描述，而是應該回答出：「我做的事如何為團隊創造了價值？這個價值與組織目標的對齊程度有多高？」

為此，你可以使用「STAR 法則」(Situation-Task-Action-Result) 進行行動回顧，但要再進一步，嘗試用「策略敘事」方式表達。例如：你不是說「我完成了三份專案報告」，而是說「我主導三

第二章　績效不等於升遷：從 KPI 到「看得見的績效」

份專案報告，協調了跨部門資源，提前兩週完成評估，成功協助產品部優化上市策略，預估將增加第一季營收 5%。」

這種表達方式，讓主管聽見的不只是任務本身，而是你如何在任務中表現出價值創造力、策略思維與資源整合力。你不是把自己包裝成英雄，而是將自己的貢獻與組織策略連結起來，讓主管感受到你具備「升級角色」的思維模式。

組織語言：讓績效對話更精準地對焦未來職位

在績效對話中，光有表現是不夠的，你還需要會說「組織聽得懂的語言」。這不是拍馬屁，也不是背標語口號，而是將你要表達的行為、成果與價值，翻譯成組織當下最關注的優先議題。

例如：若公司正關注「數位轉型」，你就該強調你在數位流程設計上的貢獻；若主管面臨「部門跨界合作困難」，你就要讓他知道你在橫向合作中的推動角色；若組織強調「人才接班梯隊」，你就能談談自己在指導新人或建立 SOP 上的貢獻。

這種「語言對焦」策略，在行為心理學中被稱為「框架對齊」（framing alignment），意即你不只是表達自己做了什麼，而是讓主管從他的視角看見你的價值。當你用的是組織語言、結合的是未來目標、回應的是策略焦慮，你的對話就從「自我陳述」轉化為「共識建構」，進而自然引發升遷機會的討論。

第五節　自我檢視與升遷的績效對話

對話的結尾：提出具體且成熟的發展計畫

一場成熟的績效對話，應該以雙方對未來的共同規劃作結，而不是等著主管說「好，我會再考慮」。你需要主動提出：「我目前的表現是否已符合未來某某職位的基本期待？若尚未，有哪些部分我可以強化？我希望能在接下來半年參與更多跨部門任務，也願意承接帶領小組的挑戰，您認為可行嗎？」

這樣的發問不但展現你對自我成長的主動性，也讓主管知道你已經準備好邁向下一個職涯階段。更重要的是，這讓升遷不再只是主管的權力議題，而變成一種共同參與的發展過程，你與主管都成為這場職涯設計的參與者，而非對立的談判者。

許多成功升遷者會進一步在對話後，整理一份「個人發展計畫」（Individual Development Plan, IDP），列出短期可執行的學習與貢獻項目，再次交給主管與人資，形成持續對話的節奏。這種制度化、結構化的參與方式，是讓升遷布局從模糊變清晰的關鍵技巧。

心態與節奏：績效對話不是一場單次賽局

值得強調的是，績效對話不應被視為一次性的「面談戰役」，而是一場長期的關係經營。你不該只在年終評鑑時急忙準備，也不該等到組織變動時才倉促求援。真正有效的績效對話，是有節奏、有紀律的溝通工程：季度性地與主管對齊目標、階段

第二章　績效不等於升遷：從 KPI 到「看得見的績效」

性地回報專案進度、定期性地主動詢問回饋。

在行為經濟學中，有一種「累積信任」的心理原則：比起一次性的卓越表現，主管更信任持續穩定的溝通者與合作者。換言之，你與主管的互動品質，會在你不知不覺中影響他對你升遷適任與否的直覺評價。

此外，進行績效對話時的語氣與態度，也將影響整場溝通的成敗。你不是來要求升遷的，而是來共同評估職能成熟度與未來發展機會的。抱持開放的態度、接受回饋的勇氣、擬定行動的能力，會讓主管看到你「值得被升」，甚至讓他開始思考「我該怎麼協助你升」。

第三章
內建升遷思維：
打造職涯策略模型

第三章　內建升遷思維：打造職涯策略模型

第一節　升職是設計出來的，不是等待出現的

職涯升遷不是機遇，而是一套可設計的系統工程

大多數人誤以為升遷是一種「幸運事件」，彷彿只要努力、忠誠、資歷深，自然會水到渠成。但事實上，在真正的組織運作裡，升遷更像是一種「系統性策略結果」。就如同產品上市需要行銷布局、資金配置與風險控管，升遷也是一場需要布局、資源與時間規劃的精密計畫。

心理學家艾伯特·班度拉（Albert Bandura）在自我效能理論中提到：「人不只是環境的被動產物，更是行為結果的主動塑造者。」這句話套用在升遷這件事上，意義更為深遠。如果你沒有明確的升遷計畫與策略，只靠做事、聽命、累積資歷，那麼你很可能會被那些「布局者」超車。他們懂得設計人脈、建構能見度、精準展現潛力，最終順利站上你以為「總有一天輪到我」的位置。

升遷是可以設計的，而且必須設計。因為它不是單一行為造成的成果，而是你在長時間內所展現的「職場策略能力」累積的結果。從你如何選擇專案、如何曝光績效、如何與關鍵主管互動、如何調整自己的職能深度與廣度，每一項都是升遷設計的一部分。只有把升遷視為一個「主動工程」，你才會真正開始掌握自己的職涯方向。

第一節　升職是設計出來的，不是等待出現的

目標設計：升遷不是抽象渴望，而是具體任務

許多人說他們想升遷，但當你進一步追問：「你想升到哪個職位？什麼時候？需要具備哪些條件？現在差了什麼？你準備如何補足？」他們卻回答不上來。這就好比一個人說他想成為作家，但從來沒寫過一頁文章，也沒買過一本書。缺乏具體目標的渴望，只是一種空想。

目標設計是升遷策略的第一步。你需要先明確定義你想升的是什麼樣的職位——是管理職還是專業職？是部門主管還是區域負責人？在什麼樣的時間點達成？你是否了解該職位所需的能力模型？這些問題的答案構成了你的「升遷模型」，也將是你之後行動計畫的設計基礎。

有效的目標設計應該遵循 SMART 原則（Specific、Measurable、Achievable、Relevant、Time-bound），例如：「我希望在一年內從資深工程師升任產品開發主管，必須補齊管理技能、加強部門整合能力，並在兩個跨部門專案中擔任核心角色。」這樣的目標具體、有時限、能評估，也能讓主管與人資看見你的意圖與準備程度。

此外，將目標設計視為「組織問題的解法」更為關鍵。你不是單純想升職，而是看見了組織某個領域的問題，認為自己可以透過升職來解決。這樣的目標不再是個人野心，而是組織利益與個人成長的交集，才真正具備說服力與實施可能。

第三章　內建升遷思維：打造職涯策略模型

策略設計：升遷之路需要選擇場域與節奏

設計升遷，不只是定義「我要去哪裡」，還要設計「我該怎麼走」。許多人在職涯中耗盡力氣，卻始終無法往上，問題在於他們沒有明確的策略結構──不知道在哪裡出手，也不知道該如何分配資源與人脈，導致長期低效率奔波，卻無法形成關鍵突破。

升遷策略的第一層設計是「場域選擇」。你要問自己：我所在的部門是否有足夠的晉升空間？主管是否有意培養接班人？公司策略是否正在轉向我擅長的領域？若答案多數是否定，你即便努力也可能徒勞。這時，調整部門、橫向轉職、進入成長中的策略單位，可能反而是更聰明的布局。

第二層是「節奏掌握」。每個職位都有其「上升時機點」，過早爭取可能讓人覺得你不夠沉穩，太晚出手又可能被後來者追過。你需要觀察組織升遷週期（如年初調整、年底考核）、高層人事異動（是否釋出新位子）、主管工作壓力變化（是否需要更多承擔者）等，來判斷自己該在什麼時候遞出「升遷訊號」。

最終，策略設計的關鍵在於「邏輯一致性」：你說你想升主管，那你現在是否已開始展現領導行為？你說你能承擔更多責任，那你是否已經在不要求獎勵的情況下做出額外貢獻？升遷策略的每一步，都應該與你的目標角色行為一致，才能形成說服組織的力量。

第一節　升職是設計出來的，不是等待出現的

行動設計：把職場當成實驗場，而非考場

如果說目標與策略是升遷的理論設計，那麼行動就是你是否真正在地面上推進。升遷從不是一場筆試，而更像一場連續的實驗。你必須在每一個日常任務中「練習主管行為」、在每一場專案合作中「試驗策略視角」、在每一次向上溝通中「設計領導語言」，逐步將自己從執行者轉變為領導者。

行動設計要有「可觀察性」與「可回饋性」：主管能不能清楚看見你在做什麼？你是否主動尋求他對你表現的建議？你是否將這些回饋轉化為行動優化？這樣的行動模式，才能讓主管產生「你在準備往上」的印象，並進一步啟動他對你是否適任的思考。

此外，升遷行動也需要「累積性」，而非「爆發性」。你不是要一次性做出讓主管驚豔的成果，而是持續展現穩定輸出的能力與態度，讓組織逐步建立起對你「能接任」的信任。每一個準時交付、每一次穩定協調、每一場主動承擔，都是為你即將升職的角色建構基礎。

最後，行動的回饋不能只來自主管，也要來自團隊與同儕。若你升職後無法獲得部屬支持、難以帶領團隊，你將被視為「升不久」。所以，在設計行動時，也要同步經營「職場信任資本」：讓別人願意追隨你、協助你、相信你，而這，是你升遷不可或缺的底層條件。

思維設計：升遷不是靠偽裝，而是靠角色對位

最後，升遷設計最核心的一環，其實是思維的轉變。很多人沒有升職，不是因為做不好，而是因為「想像不到自己在那個位置上」。當你無法真正認同並內化升遷角色的責任、思維與視角時，你就很難在行為上展現出應有的成熟度，而這一切，都會在無形中阻礙你踏出關鍵一步。

升遷需要的是「角色對位思維」，也就是你從現在開始，就把自己當成未來那個職位的人思考問題：你會怎麼分配時間？怎麼看待風險？怎麼做決策？怎麼帶人？怎麼與高層互動？當你的思維開始轉變，你的語言、行動與氣場也會隨之進化，而主管與組織也會逐漸對你產生「你已經在那個角色裡了」的心理認同。

在心理學中，這叫「身分預演」，也就是透過模擬未來角色的思考與行動，逐步內建一種角色身分，讓你不只是「想升職的人」，而是「活成那個角色的人」。當你從內在邏輯上完成升遷，外部的升遷通知，就只是一種形式上的確認。

第二節　用 SWOT 分析你的職涯定位

沒有定位，就沒有升遷設計的起點

許多工作者在職場中表現穩定、勤奮努力，卻始終卡在升遷門檻之外。究其原因，不是因為不夠認真，而是缺乏明確的職涯定位。換句話說，他們不知道自己在組織裡代表什麼價值、能貢獻什麼獨特優勢、在哪些場景中會成為關鍵角色，也就無法成為被優先提拔的對象。

職涯定位是升遷布局的基礎。如果你不知道自己應該往哪裡升、該補足哪些條件、該在哪裡打開能見度，就容易陷入「做很多卻被看不見」的困境。定位清楚的人，知道自己的職場角色正在往什麼方向轉型，也更容易主動設計學習路徑、行為策略與人際網絡，以符合目標職位的需求。

要達成這樣的職涯洞察，SWOT 分析法是一個極為實用的工具。它來自策略管理領域，但同樣適用於個人職涯：分析你的優勢（Strengths）、劣勢（Weaknesses）、機會（Opportunities）與威脅（Threats），就能幫助你從「自我中心」的視角，跳脫到「組織與市場」的全局判斷，進而打造一套有明確坐標的升遷策略。

第三章　內建升遷思維：打造職涯策略模型

優勢與劣勢分析：看見你的職場籌碼與短處

在 SWOT 分析中,「優勢」與「劣勢」屬於內部因素,代表你目前已具備的能力、特質與資源,以及你尚未成熟或存在明顯缺口的部分。做這部分分析時,你應該針對目前目標職位所需職能進行對照,而非單純列舉「我會什麼」。

舉例來說,若你的目標是升任產品經理,那麼你的優勢可能是「具有跨部門合作經驗」、「具備資料分析能力」、「擅長用戶訪談」,劣勢可能是「缺乏財務模型建構經驗」、「不熟悉業務單位語言」、「尚未有團隊領導紀錄」。這樣的分析比起「我工作認真」、「學歷不錯」更具策略意義,因為它與具體職位能力模型對齊。

此外,你也應該邀請他人參與這個過程,例如主管、同儕、部門前輩等,進行「360 度回饋」。因為你的優勢可能在日常中被你忽略,而你的劣勢也可能比你自己預期更嚴重。這種他者視角的補充,可以讓 SWOT 更全面,也讓你不再陷於自我評價的盲區。

最關鍵的是,不要把優劣勢分析當成自我批判或自戀的工具,而應視為升遷工程的資源盤點。你要知道哪些是你可以立即發揮的籌碼,哪些則是你必須用接下來半年、一年去補強的短處。這樣,你的行動計畫才會有明確方向,而非盲目加班或亂槍打鳥。

第二節　用 SWOT 分析你的職涯定位

機會與威脅分析：讀懂組織與產業的升遷風向

SWOT 的「機會」與「威脅」屬於外部因素，也就是環境變化對你職涯可能產生的助力與阻力。這部分的關鍵在於：你是否敏銳掌握組織、產業與市場動態，並能將這些趨勢轉譯為自己的行動機會。

舉例來說，如果公司正在推動數位轉型，而你具備敏捷開發與數據導向的工作經驗，這就是升遷的好機會。又或者你的部門主管即將調動，公司會出現內部升補的空缺，你就應當思考如何提前布局，展現承接能力。這些都是外部環境中「對你有利」的訊號。

而「威脅」則可能來自組織文化排斥跨部門升遷、產業趨勢讓你現有技能快速貶值、同部門出現更具人脈與資源的新競爭者。這些因素若不正視，可能讓你即使再努力也無法被納入升遷名單。理解威脅，不是為了放棄，而是為了提早應對。

進行這部分分析時，你應該培養一種「系統觀」：升遷不是個人戰，而是環境下的選擇結果。你越能理解公司政策、高層思維與部門結構的變化，就越能在正確時機點做出精準出手。很多時候，成功升遷的人不是因為更優秀，而是他「早一步看見風向」而已。

第三章　內建升遷思維：打造職涯策略模型

SWOT 整合：找到你在組織中的定位利基

完成 SWOT 四象限分析後，關鍵是整合這些資訊，進入定位策略階段。這部分的核心問題是：「我在哪個角色上，能最有效地放大優勢、避開劣勢、承接機會、化解威脅？」答案就是你的「職涯利基點」。

舉例來說，若你具有強項為專案管理與流程改善，劣勢為對市場陌生，機會是組織正在擴大營運流程優化團隊，而威脅是缺乏外部曝光與影響力，你的升遷策略就應聚焦於：在優化專案中扮演關鍵角色、設計跨部門流程改善平臺、並在執行中強化與上層的視覺化互動，藉此創造你在組織中的「非替代性貢獻點」。

這種利基定位，讓你不再是一個「什麼都可以做的員工」，而是一個「非你不可的關鍵角色」。而組織在評估升遷時，最在意的，往往不是誰最努力，而是誰能在關鍵場景下發揮獨特價值。利基越清晰、角色越具象，你越容易被納入升遷對象的考量名單。

此外，你的定位也應該隨時間滾動修正。每半年或每一次組織異動，都該重新盤點 SWOT，看看你的優勢是否轉變、新的機會是否出現、威脅是否加劇。這讓你升遷設計成為一個「動態調整的系統工程」，而非一次性的企圖或衝刺。

把定位結果變成職涯決策的指北針

SWOT 的價值，不只在於分析，更在於讓你對每一個職涯決策有依據。當你有了清晰的定位，你就能更有信心地拒絕某些任務、選擇某些專案、挑戰某些轉職機會，也能更有效率地配置時間、人脈與學習資源。

例如，當別人還在到處參加無關專案時，你已清楚知道：「我需要更多橫向合作經驗，因為這是我目標職位的關鍵能力」；當他人焦慮地等待主管安排發展路徑時，你已經主動向上提案：「我想在下半年參與流程改革小組，我認為這能讓我更貼近部門策略方向」。

有定位，才能有選擇。你不再是職場中的漂流者，而是自己升遷路上的設計師。SWOT 分析，不只是個工具，而是一個讓你跳脫執行者心態、進入策略者視角的實戰框架。當你能站在更高的位置看待自己，自然也更容易被組織提拔到更高的位置。

第三節　時間與資源分配：為升遷鋪路

真正的升遷，不是多做，而是做對時間配置

在忙碌的職場日常中，許多人將「工作量」視為努力的指標，誤以為只要投入足夠多的時間，升遷自然會來敲門。然而，

第三章　內建升遷思維：打造職涯策略模型

在管理心理學的角度來看，真正推動升遷的關鍵，從來都不是你「做了多少」，而是你「把時間花在哪裡」。換言之，升遷是時間策略的產物。

根據《哈佛商業評論》對中階主管的長期觀察，升職成功的關鍵行為之一，是「能將時間從日常營運中抽離，投入在有長遠影響的任務上」。這表示，若你把80%的時間都投注在例行業務、即時回應與維持現狀的工作上，就算再努力，也可能僅僅被視為一名稱職的執行者，而無法被認為是具備策略眼光的領導者。

因此，時間配置的第一原則就是：「保留20%的時間給升遷」。這20%不能用來加班，而應投入於關鍵專案、跨部門合作、人才培養、流程創新、學習新技能等能讓你站上更高層級的工作。這些投入雖然短期內看不到回報，卻是讓你進入升遷視野的必要鋪路行動。

你把時間花在哪裡，別人就會怎麼定義你

在組織中，每個人都在被「默默觀察」，而觀察的依據之一，就是你每天在做什麼、選擇做什麼、拒絕做什麼。這些行為會在主管、同儕與部屬心中形成一套隱性評價機制，最終轉化為你在職場中的「角色形象」，也直接影響你是否被視為升遷候選人。

心理學家馬修・利伯曼（Matthew Lieberman）在其研究中指

第三節　時間與資源分配：為升遷鋪路

出：「人類天生具備社會預測能力，會依據對方行為模式推測其未來角色可能性。」這在職場中具體表現為：若你總是忙於救火、處理雜務，大家會認為你是「值得信賴的解決者」，但不會覺得你能承擔更高層級的任務；若你經常投入於制度設計、流程優化與策略溝通，組織自然會將你歸類為「具備潛在領導力者」。

因此，你必須對自己的時間使用有更高層次的覺察。每天的工作結束後，不妨問自己：今天的時間花在哪些事情上？其中有多少比例是在「維持」？多少是在「突破」？多少是在「鋪路」？這樣的回顧，能讓你逐漸重構時間分配模式，從職場任務的被動執行者，轉化為升遷機會的主動設計者。

資源不只是人脈，而是讓你節省成本與放大影響的槓桿

除了時間之外，另一個被低估的升遷槓桿就是「資源分配能力」。在組織中，那些能快速升遷的人，往往不是最會做事的人，而是最懂得用好資源、借力使力、整合團隊與外部資源達標的人。這種能力，才是真正的領導力底層結構。

升遷不只是完成任務，而是完成那些「一個人做不到」的任務。因此，你要能思考：我是否已建立一套能夠隨時調度的資源網絡？我是否有一組可以信賴的跨部門關係人？我是否懂得善用內部工具、平臺與制度？我是否知道公司裡有哪些資源是

第三章　內建升遷思維：打造職涯策略模型

「未被開發但可以利用」的？

這樣的資源，不只限於人脈，也包含流程資源（如自動化系統）、知識資源（如專案紀錄）、外部學習資源（如線上平臺與業界交流會）與制度資源（如人才培訓專案、內部職能轉換方案等）。你若只憑一己之力埋頭苦幹，不僅效率低落，也無法展現系統思維與領導潛力。

企業領導學者約翰·科特（John Kotter）曾指出：「優秀領導者不是靠自己完成所有事情，而是建立完成事情的系統。」你若想升遷，就不能只做事，更要「讓事情有路徑可做」──這正是資源分配者與純執行者之間的差異。

建立「升遷專案表」：用行動編排未來角色

將時間與資源策略化，最有效的方式是建立一份屬於你自己的「升遷專案表」。這是一份針對未來角色設計的行動規劃表，其中列出哪些任務對升遷有助益、哪些資源需爭取、哪些對象需連結、哪些技能需補強，並用具體時間表安排執行節奏。

例如：你可以將下半年安排為「擴大能見度期」，在這段期間主動爭取公開簡報、內部提案與專案報告機會，並且同時設立「潛在導師清單」，主動建立與兩位跨部門主管的合作關係。同時，你也應規劃「資源借力計畫」，如參與公司內部學習小組、加入部門改善專案等，以打開制度與平臺的合作通道。

第三節　時間與資源分配：為升遷鋪路

這樣的升遷專案表，不僅讓你在時間與資源上有明確配置策略，也有助於你與主管、人資進行對話時展現規劃能力與主動性。升遷不是憑感覺來的，而是有策略、有節奏、有結構的工程。每一項安排，都是你為未來角色所做的演練與鋪路。

此外，這份表也能成為你進行「績效回顧」的核心資料來源。與其等待主管給評語，不如主動呈現：「我在這半年中執行了五個與未來職務對位的任務，並成功整合三項資源平臺，這些經驗已讓我開始具備承擔下一層角色的基礎。」這樣的語言，是升遷決策者最想聽見的內容。

你所支配的時間與資源，會決定你在職場中的高度

最後，你必須深刻理解：升遷不是由誰說了算，而是由你對自己時間與資源的掌控程度決定的。那些真正能掌控職涯節奏的人，會將每天的時間視為升遷籌碼、將身邊的每一項資源視為影響力槓桿，並持續用策略的方式管理這一切。

當你建立起這種升遷導向的思維模式，你會發現自己不再只是「在公司上班」，而是「在經營一項名為『我』的事業」。你會開始主動追蹤時間花在哪裡、主動布局資源通道、主動詢問任務是否能與升遷目標連結，這些細節，最終會構築成一套強而有力的「升職生產線」。

記住，每一個成功升職的人，都不是單靠一次亮眼表現，

第三章　內建升遷思維：打造職涯策略模型

而是靠一次次看似平凡卻精密安排的時間與資源使用所堆疊出來的。從今天開始，你對自己日常配置的每一個選擇，都可能是改寫職涯軌跡的起點。

第四節　生涯規劃與企業發展的對位關係

升遷的本質，是你與企業未來之間的契合度

許多職場人進行生涯規劃時，只考慮個人興趣、專長與目標，卻忽略了最關鍵的升遷條件之一——你所設計的生涯藍圖是否與企業的發展方向對得起來。換言之，不論你再怎麼努力成長，如果你成長的方向與公司正在走的路徑背道而馳，你的升遷就很容易「搭不到車」。

現代人力資源管理學強調「策略性人才發展」，主張個人職涯路徑應與組織策略同步調整。也就是說，升遷不是你想升什麼職位就去追，而是要思考企業未來五年內將發展什麼業務、強化什麼部門、導入什麼技術，你的能力發展是否能與這些需求產生連結。

這樣的對位，才是升遷「可被組織接受」的根本。企業提拔你，不只是因為你做得好，更是因為你「能幫助他們走得更遠」。所以在規劃你的升遷藍圖時，你不能只問：「我想往哪裡走？」還要問：「我走的路，是否能成為公司需要的方向？」

第四節　生涯規劃與企業發展的對位關係

「個人夢想」與「組織策略」之間的橋梁

當你將升遷視為一種「雙向選擇」，就能開始搭建個人生涯願景與組織發展之間的橋梁。你可能夢想成為品牌行銷總監，但若所在公司未來三年策略重心是研發創新或國際拓展，那麼你就應思考如何將行銷專長與這些策略方向整合，譬如擔任產品定位顧問、參與新市場研究，甚至提出結合品牌與技術的創新行銷方案。

這種整合並不是要你放棄個人理想，而是讓你的成長對企業有意義。當主管與高層看見你並非一昧追求個人成就，而是在企業的策略軌道上找尋自己發揮的位置，便會認定你是具有「策略敏感度」的人才，也更願意給予你升遷機會與資源支持。

企業真正想升的人，不是那些「只會做自己想做的事」的人，而是那些能將自己成長軌跡與組織未來任務對接的人。這種人對企業來說是一項「長期投資」：因為他們不是在消耗組織資源，而是在參與企業命運。

因此，建立橋梁的第一步是持續關注企業內外部環境。你應該定期追蹤公司策略報告、CEO 簡報、產業趨勢分析與市場動向，從中找出企業未來五年可能產生的人才缺口與重點領域，再重新檢視自己的發展軌跡是否能與之產生交集。

第三章　內建升遷思維：打造職涯策略模型

找到組織中的「高勢能場域」

在企業中，升遷從來不是平均分配的。就像社會資源會集中在特定城市與產業，企業內的升遷資源也會集中在特定部門、專案與時機點。這些區域，就是我們所謂的「高潛能區域」(High Potential Zones) ── 那些容易產生可見績效、容易獲得高層關注、容易產出策略價值的任務平臺。

若你的職涯規劃總是圍繞在穩定、例行、成熟的部門，即使你再努力，也可能難以被列入升遷考量。相反地，若你選擇的任務具備高成長潛力與高度風險，你的貢獻也將更容易被放大與看見，從而開啟升遷的機會窗口。

根據國際知名人資顧問公司 Mercer 的研究，高績效人才的職涯軌跡有一共同特徵：他們曾在組織變革、危機處理或創新專案中扮演關鍵角色。這些情境下，雖然任務難度高，但若成功，將迅速提升個人能見度與價值印象，猶如在企業內部「打下一場大勝仗」。

因此，當你進行生涯規劃時，請別只盤算風險與舒適，而要勇於選擇那些能與企業未來策略產生共振的挑戰任務。這種選擇本身，就是你向企業表達「我準備成為關鍵角色」的訊號。

第四節　生涯規劃與企業發展的對位關係

與主管共同設計對位計畫

如果你已經清楚自己希望升遷的方向，也掌握了企業發展的脈絡，那麼下一步，就是與主管進行一次有策略深度的「職涯對位對話」。這種對話的重點不是爭取升職，而是建立一套屬於你與企業雙贏的發展藍圖。

你可以主動提出：「我觀察到公司未來兩年在數位化流程有重大布局，我希望能參與此類型專案，並補強資料視覺化與流程設計的能力。我相信這不僅對我的職涯有幫助，也能讓部門在這一波變革中取得先機。」這樣的語言，展現的不只是職涯企圖，而是「你已在思考如何對齊公司未來」。

這種對話建立的，不只是印象，而是一種信任與認同。主管會看見你是能共識目標、主動補位的人才，而不是只關心自身得失的個體。當你表現出這樣的成熟度與遠見時，即使升遷時機未到，你也會被納入關鍵人才儲備名單中。

更進一步，你可以與主管、人資共同設計「對位發展計畫」，具體列出你需培養的職能、參與的任務、建立的資源與時間節點，讓升遷變成一場有節奏、有共識、有執行力的規劃過程，而不再只是憑感覺與等待的結果。

第三章　內建升遷思維：打造職涯策略模型

升遷是你與企業一起前進的節奏感

最終，我們要理解，升遷的關鍵並非你個人的獨舞，而是你能否與企業一起合拍前進。當你能主動校準自己的節奏、能力、學習與貢獻，使其與企業的發展動向保持同步，升遷的可能性才會大幅提升。

這種節奏感，讓你不再是被升遷，而是你正在走向升遷。你會自然進入該出手的場景、該承擔的任務、該連結的關係與該展現的行為，因為你始終把握著企業節奏的脈動。

而企業也會看見：你不是偶然成功的個體，而是可以隨著企業變動調整自己、持續創造價值的長期資產。在組織決策中，這樣的人，才會被放在更高層的位置上。

第五節　三年一跳：升遷的節奏與節點

升遷沒有奇蹟，只有節奏設計的結果

在職場上，「三年一跳」是一個許多人都曾聽過的非正式節奏。這不只是個流傳的說法，而是許多企業內部升遷觀察與人力發展節奏的實際寫照。根據臺灣多家大型企業的人資統計資料，若一位員工在三年內未出現職級調整，無論是橫向拓展還是縱向升遷，後續的晉升機會就會明顯下降。原因不在於他表

第五節　三年一跳：升遷的節奏與節點

現不好,而是組織開始「習慣」他的定位。

換句話說,升遷是一種節奏感,而這種節奏若你不自己啟動,它就會逐漸被組織默認為「穩定配置」的一部分。久而久之,即使你有潛力,也不再被視為「需要投資」的對象。因此,若你希望自己的職涯有所躍進,就要理解「三年」不是限制,而是一個策略節點 —— 你需要在這段時間內完成角色蛻變、能力升級與價值重構,向組織傳達你已準備好邁向下一步。

然而,這並不表示每三年都一定要升職,而是你必須在每三年的階段中設計一次「職涯突破點」,這可能是管理層級的提升、任務難度的提升、橫向經驗的擴充,或是人脈資源的更新。當你在這些節點上累積轉變證據,你就能打破「平庸週期」,進入「成長循環」。

第一年：觀察、適應與價值初探

在升遷節奏的設計中,第一年通常是進入新職位或新部門後的「適應期」。這一年中,你要迅速掌握團隊文化、主管風格、業務邏輯與績效重點,並開始試探自己在組織中的價值貢獻點。

這個階段的關鍵並不是拚命證明自己有多優秀,而是要用對節奏與方法融入組織脈絡。例如,你要學會「誰是決策者」、「誰是關鍵推手」、「哪些事情值得全力以赴」,並在這些結構中建立自己的工作重點與行為樣貌。

第三章　內建升遷思維：打造職涯策略模型

這段時間，你可以刻意累積三種資源：一是任務信任（主管會放心把事交給你）、二是關係信任（同儕願意與你合作）、三是潛力信任（讓高層看見你具備上層角色的預兆）。這三者若能在第一年就有雛形，將為後續的兩年鋪下升遷之路的地基。

同時，你也要在第一年定期記錄自己的關鍵成果與反思學習，建立一套可被追蹤的成長軌跡，這將成為未來績效對話與升遷提報的關鍵資料庫。

第二年：成果展現與角色擴張

進入第二年，你已完成適應，應開始進入「推進成果與主動領導」的階段。這一年中，你必須刻意挑戰更高難度的任務，例如主導專案、跨部門合作、引導新人、參與流程改善，讓組織不再只看到你「把事情做好」，而是看到你在「改變事情的樣貌」。

這一階段的任務安排必須帶有策略指向性。也就是說，你所參與的每一項任務，都要能對應到你未來希望升任職位所需的核心職能。例如，若你希望未來成為行銷經理，就應參與預算編列、行銷策略擬定與年度計畫協調；若你期望未來能管理團隊，就應主動提出人才培育機制或小組會議改革方案。

在這一年中，你的行為必須開始「預演未來角色」。別等升遷後才學習當主管，而應在此時就開始做主管該做的事。這樣的行動將讓主管與高層產生心理上的「角色認同感」，進而將你

第五節　三年一跳：升遷的節奏與節點

納入升遷候選的選擇池中。

此外，也別忘了擴張你的「升遷關鍵圈」：讓至少三位以上具影響力的中高階主管知道你在做什麼、你有什麼貢獻、你正在準備什麼。這種對外的策略曝光，是你不再只是「部門內部好手」，而成為「公司內部資產」的必要行動。

第三年：定錨價值與升遷布局

第三年是升遷節奏的轉折關鍵。此時，主管與組織對你的評價已經穩定，但你也面臨「要嘛升遷、要嘛被定型」的職涯分水嶺。因此，你必須在這一年內明確釋出訊號：我已準備好承接更大的責任，並且有能力創造更高層次的影響力。

這一年應著重三大升遷布局：一是影響力擴張，二是指標成果輸出，三是升遷對話啟動。

影響力擴張指的是你不再只局限於個人任務，而要開始引導小團隊運作、協助他人成長、協調跨部門立場與資源。這些行為會讓你從個人績效者，蛻變為系統推動者。

指標成果輸出則是你要刻意打造幾個可以明確量化、清楚呈現、可被記憶的成就，例如完成一項超越目標的專案、導入一項能被延續的制度、或取得一項具價值的外部資源。

而升遷對話啟動，則是你應主動與主管、人資安排一場針對未來發展的對話會議，讓組織清楚知道你正在規劃晉升方向，也

第三章　內建升遷思維：打造職涯策略模型

願意承擔未來角色責任,並請求具體建議與回饋。

這三項布局完成,你的升遷節奏將被正式啟動,組織也會在適當的時機點給出正面回應,或明確安排你進入接班梯隊。

每三年重啟一次升遷飛輪

若你在每三年都能完成一次角色蛻變,並主動設計節奏與節點,那麼你的職涯就不會停滯於「穩定但無望」的平原期。相反地,你將持續在每個三年裡啟動一次「升遷飛輪」,讓你的經歷疊加、能量累積、人脈滾動、信任升級。

這種職涯節奏的意識,讓你從「等升職」的被動心態,轉化為「設計升職」的主動行動者。而這一轉變,也正是你能否在組織裡持續往上、成為具影響力角色的分水嶺。

此外,若你發現自己已經超過三年而無任何職務變化,那麼現在正是重新啟動職涯策略的最佳時機。你可以從重新進行SWOT 盤點、重設升遷目標、調整任務類型、尋求策略導師、規劃能見度提升五大面向著手,逐步將職涯從停滯狀態帶回設計狀態。

第四章
社會資本的魔法：
升遷不是單打獨鬥

第四章　社會資本的魔法：升遷不是單打獨鬥

第一節　人脈是升遷的放大器

升遷從來不是憑實力，
而是靠「看得見的實力」

在職場中，我們經常聽見一種抱怨：「我明明做得比他多，為什麼升的是他？」這種怨懟背後隱藏著一個被忽視的事實——升遷從來就不只是比誰做得多，而是比誰的價值被更多人知道、被對的人知道。實力當然重要，但若無人見證與傳遞，那些努力就只能默默沉沒在日常繁忙中。

這正是人脈在升遷路上所扮演的放大器角色。根據研究顯示，晉升至管理職的受訪者中，有高達 82% 的人認為「被適當的人看見與推薦」對他們的職涯突破產生關鍵影響。這說明，在升遷機制中，除了硬實力（能力與績效），還存在一個影響力網絡，也就是社會資本（social capital）。

社會資本不是請客送禮，也不是勾心鬥角，而是你在職場中建立起來的信任圈、資訊網與支持體系。當你有良好的人脈網絡，你的工作成果會更容易被跨部門認可，你的潛力更容易在升遷會議中被提起，你的名字也更容易在組織變動中出現在對的位置上。這些都是實力無法單獨完成的結果。

第一節　人脈是升遷的放大器

你被誰連結，決定你被誰升遷

在升遷機制運作過程中，決策者不一定是你直接的主管。越高層級的職位，所需的決策層也越多樣，包含人資、直屬主管、間接主管、業務單位甚至是外部顧問。而他們對你的印象與評價，常常並非來自一手觀察，而是透過他人言語、經驗與推薦產生。

也因此，你的人脈網絡不應只局限在你自己的部門，而應該有意識地連結到升遷決策圈。例如：參與跨部門專案、加入內部任務小組、出席部門以外的分享會、主動協助其他部門夥伴解決問題，這些都能讓你「有名字、有臉、有故事」地出現在更多決策者的視野中。

社會學者馬克‧格蘭諾維特（Mark Granovetter）提出的「弱連結理論」（The Strength of Weak Ties）也佐證了這一點。格蘭諾維特認為，在網絡中扮演關鍵推進作用的，往往不是最親近的夥伴，而是那些你偶爾互動卻能將你引介進新圈層的「弱連結」。在升遷路上，這些弱連結正是將你導向新機會的關鍵節點。

所以，你被誰看見，你被誰轉述，你被誰站臺，其實就是你能不能升遷的一道隱形橋梁。而這一切的基礎，就是你是否有意識地經營起這張網。

第四章　社會資本的魔法：升遷不是單打獨鬥

人脈不是「拜託」，而是「共同創造價值」

許多人對人脈仍存有偏見，誤以為經營人脈等同於攀關係、拍馬屁或搶功勞。但在現代企業運作邏輯中，真正有效的人脈不是「求」，而是「供」──是你能否在別人需要時創造價值，並建立信任與共好。

這種價值不必是直接回報，而可以是你提供資訊、分享經驗、主動協助、促成合作，甚至只是幫忙指出一條更好的處理流程。這些「無所圖的幫忙」會在同儕心中埋下信任種子，也會在未來你需要支持時，轉化為升遷背後的助力。

人脈的真正力量在於讓你成為一個資源節點，讓他人願意找你、相信你、與你共事。當你在組織中建立起這樣的信任地位，未來任何升遷機會來臨時，自然會有人說：「這個角色，我第一個想到的就是你。」

換句話說，真正強大的人脈不是你認識誰，而是誰願意主動為你說話、誰願意在背後提及你的貢獻、誰願意讓你站上升遷的舞臺。這些，都不是靠單次互動換來的，而是靠長期的互信關係累積而成。

成為「關鍵資訊的交會點」

升遷除了要被看見，還要能發揮影響，而影響力的來源之一就是資訊掌握能力。如果你總是能早一步掌握組織趨勢、專案

第一節　人脈是升遷的放大器

方向、管理者思路與人力動態,你就能提前布局、主動出擊,成為升遷賽局中的先行者。

而要達到這點,你需要讓自己成為「資訊的交會點」。也就是說,你要透過人脈網絡,建立一張橫向互動的資訊流。這不僅能幫你判讀升遷時機與組織布局,也能讓你在分享與轉譯資訊的過程中,成為「推進組織溝通的節點人物」。

這種資訊領位角色,在許多企業文化中被高度重視,因為他們能促進效率、降低溝通成本、提升合作成功率。而這些價值,往往不會直接寫在 KPI 上,但卻在主管的「升遷感知系統」中占有重要權重。

如果你能在部門之間、團隊之間、角色之間,建立流暢的連結與轉譯能力,你就不再只是做自己的事的人,而是讓事情流動的人。而組織中,最願意升的人,就是能讓整體效率提高、彼此信任強化的關鍵樞紐。

人脈的資本化,是升遷的策略籌碼

最終,我們要理解,人脈不是短期的工具,而是長期可被資本化的升遷籌碼。你在人際關係中投入的每一次理解、協助與陪伴,都有可能在未來轉化為你晉升之路上的「非明文助力」。

企業領導理論中強調「社會資本的轉譯」,也就是將人際關係中的隱形信任、共享文化與互利合作,轉化為升遷推薦、專

第四章　社會資本的魔法：升遷不是單打獨鬥

案分派、決策影響與領導空間。當你的社會資本夠厚實，升遷的道路也會變得更順暢，因為你走的不是孤軍奮戰的路，而是整個信任網絡共同托舉的軌道。

從現在開始，請重新檢視你的人脈配置：你的主管信任你嗎？你的同儕是否願意與你並肩作戰？你是否能在跨部門找到支持者？你是否能讓人記得你是一個「可以一起解決問題的人」？當這些答案趨近正向時，你就已經站在升遷的入口了。

第二節　弱連結強效用：
　　　　跨部門合作與能見度

看得見的人，才會被升遷

升遷不是單靠努力就能換來的果實，它還需要一個關鍵條件——可見度。若你再能幹、再專業，卻始終只困在原部門、原職位、原任務中，不主動接觸其他角色與任務場景，那麼你對組織的貢獻終究無法被完整理解與記憶。更殘酷的現實是：許多升遷決策，來自你不直接回報的上層，而他們所能認識你、提拔你的機會，往往只建立在「間接了解」的基礎上。

這也解釋了為什麼跨部門合作是現代升遷策略的關鍵場域。當你跨出部門牆、進入跨職能團隊，除了讓你累積更多經驗、理解企業全貌，更重要的是，能讓你進入更多「升遷對話圈」的

第二節　弱連結強效用：跨部門合作與能見度

雷達範圍。

組織中的晉升與人際關係評價，極度依賴能見度與熟悉感。簡單來說：越多人見過你做事的樣子，就越有人願意在你不在場時提起你。這正是弱連結的力量：你不必與所有人深交，只要在正確的場景中展現價值，這些弱連結就會成為你升遷時的潛在支持者。

弱連結不是無關，而是升遷背後的潛在傳聲筒

傳統人際關係學強調強連結，例如你的主管、直屬同事、密切合作夥伴。然而升遷之所以會停滯，往往不是因為強連結不支持你，而是因為你沒有足夠多的「局外支持者」——那些不在你每日互動圈裡，卻能在關鍵會議中發聲的人。

這些人，通常出現在跨部門專案裡。他們可能是財務部的專案審查員、人資部的升遷列席代表、研發部的技術夥伴，或甚至是策略部門觀察整體人才盤點的幕後成員。你不必與他們成為朋友，但必須與他們有過任務連結、績效交集與價值互信。

弱連結的強效用就在於此：它是升遷會議裡，「我記得這個人不錯」、「他在某個專案有幫過我們」、「她合作的效率很高」這類無形印象的生成來源。而這些印象，往往比簡單的 KPI 更能在競爭中脫穎而出。

因此，當你擁有越多「任務型弱連結」，你在組織中的升遷

第四章　社會資本的魔法：升遷不是單打獨鬥

籌碼就越高。這些人不一定與你共事密切，卻會在關鍵時刻說出「我覺得他可以」的那句話，而那正是你被放進提拔名單的瞬間開關。

跨部門合作是策略，而非額外工作

許多人誤以為跨部門合作只是額外負擔，但從升遷的角度來看，它其實是一種主動布局的升遷策略。你應該不只是參與，而是有意識地設計哪些跨部門任務與你升遷目標對位，並從中主動創造可見價值。

舉例來說，若你期望未來晉升為營運主管，那麼你就應積極參與與營運流程、數據統整、跨功能資源整合相關的任務，讓自己在跨部門情境中展現統合視野與問題解決力。若你想升任行銷經理，那就應爭取參與與產品開發、業務通路、市場調查研究相關的合作案。

真正有策略的職涯布局，不只是「接了什麼專案」，而是「讓這些專案成為未來升遷職位的試煉場」。這樣的任務選擇，會讓你在跨部門合作中不只是被動支援者，而是被視為「可升任」的潛在人選。

此外，跨部門任務也提供你展示多元職能與系統整合能力的舞臺。這些能力往往不在原職位中被要求，但卻是高層對未來主管最在意的潛力指標。你若能在這些舞臺上穩定發揮，就能提前建立領導信任的橋梁。

第二節　弱連結強效用：跨部門合作與能見度

弱連結讓你的故事被講出去

你在原部門的主管與同事，也許早就熟悉你的表現與長處，但他們不一定能有效地替你「講故事」。而弱連結者，若對你留下好印象，往往會在不同場合「自發性」地將你的價值敘事講給他人聽。

這些故事可能是：「他上次在那個臨時任務很快就理清問題脈絡」、「她雖然不是主導者，但幫我們部門處理得很周到」、「那次部門整合會議多虧有他才不會卡住」，這些話語若在升遷評估時被某位不認識你的人聽見，就會對你的形象加分。

這裡稱這種現象為「口碑轉移」，它說明：個體在非正式資訊流中的名聲，會對正式評價產生潛移默化的影響。因此，你的升遷籌碼，不只是你直接創造的，更是透過弱連結在組織中流動的「聲音」。

這也解釋了為什麼有些人升職總是快人一步 —— 他們不見得比你努力，但他們懂得在哪裡出現、與誰連結、如何讓價值被講出去。而這種人際設計感，正是升遷策略中不可或缺的一環。

弱連結策略的實踐行動清單

若你希望透過弱連結提升升遷機會，你可以從以下幾項具體行動著手：

第四章　社會資本的魔法：升遷不是單打獨鬥

- ◆ **每半年參與至少一項跨部門專案**，不只參與，更要在其中主動協調、主動提案、主動回饋，留下可見的貢獻。
- ◆ **建立一份弱連結地圖**：盤點你過去兩年曾經合作過的非直屬夥伴，重新連結一次，更新彼此近況與合作印象。
- ◆ **善用組織平臺發聲**：例如內部通訊、部門簡報日、任務週報、內部論壇等，定期分享你或團隊在跨部門合作上的學習心得與成果。
- ◆ **主動參與非正式聚會或讀書會**：這些場域雖非工作場景，但卻是建立「有印象的弱連結」的重要空間。
- ◆ **成為跨部門的問題解決者**：當其他部門遇到你熟悉領域的議題時，主動出手幫助，建立「你是資源」的形象，而非「你是需求者」。

當你將這些行動內化為日常習慣，你的人脈將不再只是圈內循環，而會形成一張向外拓展、能見度持續累積的升遷網。而這些弱連結，會在你不自覺的時候，替你推開那扇升遷的門。

第三節　成為團隊裡的「聯絡點」

升遷的關鍵不是地位，而是角色定位

在一個團隊裡，有些人負責執行，有些人負責創意，有些人則是默默地把大家「黏在一起」。這最後一種角色，雖然不總

第三節　成為團隊裡的「聯絡點」

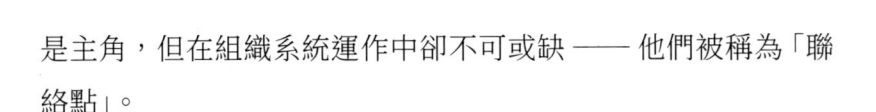

是主角，但在組織系統運作中卻不可或缺──他們被稱為「聯絡點」。

聯絡點不是職稱，而是一種功能性的存在。他們熟悉流程、知道各部門的痛點、懂得幫人找人、總是可以在關鍵時刻串聯資源與訊息，讓合作變得更順暢、更快速、更有效。若你希望自己在升遷布局中有不可取代的地位，那麼從現在起，就要思考自己是否已經成為團隊中的聯絡點。

組織心理學者亞當・格蘭特（Adam Grant）曾指出：「在一個運作良好的團隊裡，真正促進效能與信任的，往往不是最會發號施令的人，而是那個能連結各方、化解衝突、維持節奏的人。」這種角色，不一定在權力架構上有絕對地位，但在實務運作中卻有極高的影響力。而這種影響力，正是升遷最重要的軟實力證明。

成為聯絡點，你就是組織流動的節點人物

「聯絡點」的價值，來自於他能讓人與人、事與事、資源與需求、資訊與決策之間建立連結。他可能不是最高職級者，卻總是知道誰可以處理什麼問題；他可能不是專案負責人，卻總是出現在最關鍵的整合會議中；他可能不是策略制定者，卻總能讓別人的計畫順利執行。

這種角色的升遷價值在於：他們是讓事情發生的人。在一個跨部門合作、快速變動、資訊流龐雜的組織裡，這種中介節

第四章　社會資本的魔法：升遷不是單打獨鬥

點的穩定與靈活，往往決定了績效能否產出、目標能否兌現、危機能否化解。

你若能讓組織中的關鍵人物對你產生這樣的認知──「有問題找他就對了」、「他會知道怎麼處理」、「他能幫你找到資源」──那麼即使你不是最資深者，也會在升遷對話中被提名，因為你已經從「可替代」轉變為「難以替代」。

此外，聯絡點還能夠大幅降低團隊的「摩擦成本」。一個無法溝通、無法協調、無法連結的團隊，就像齒輪失油般運轉困難，而聯絡點就是那個讓整體系統運行平順的潤滑劑。這種對團隊貢獻的價值，雖難量化，但主管心知肚明。

聯絡點是信任的轉運站，也是升遷的輿論基礎

除了連結功能外，聯絡點還有一項更深層的價值──成為信任的轉運站。在組織中，真正的影響力不是「我命令你做什麼」，而是「你願意相信我、支持我、與我合作」。聯絡點正是建立這種信任氛圍的關鍵人物。

他們透過合作、聆聽、撮合、分享與協助，讓其他人感受到支持與被理解。當一個團隊成員發現你總能幫他把話帶到正確位置、幫他解決卡關難題、幫他爭取資源與曝光，他們對你的信任便會自然累積，而這種信任，將在未來你被提名升遷時轉化為「支持輿論」。

第三節　成為團隊裡的「聯絡點」

「心理位置價值」，意思是你在群體中占據了哪些潛在功能性位置——而聯絡點，便是一個最容易擁有正面心理位置的角色。當組織中出現升遷空缺時，這些擁有良好心理位置的人，往往是最不會被忽略的。

這也說明，你不一定要成為最會做簡報的人，但一定要成為讓大家願意幫你說話的人。這種從他人評價而非自我表現產生的影響力，才是真正打開升遷之門的敲門磚。

你要的不是被需要，而是被倚賴

聯絡點之所以能在升遷路上脫穎而出，關鍵在於他們不是「有人找我幫忙就幫忙」的好好先生，而是在組織運作中被倚賴、被依附、被預設為必要存在的人物。

「被需要」是一種被動角色，表示別人出狀況才想到你；但「被倚賴」是一種主動選擇，代表別人在設計流程、分配任務、指派責任時，會自動納入你在內。這是職場裡一種極高價值的存在感——因為沒有你，事情不會順利。

你若希望從「只是好用」變成「不可缺少」，那麼就必須思考如何讓自己在合作過程中展現三種能力：預見力（知道誰會在哪裡卡關）、整合力（能把分散資訊快速匯整）、轉化力（把問題轉成可執行方案）。這三種能力，是讓你成為聯絡點角色的核心技能。

第四章　社會資本的魔法：升遷不是單打獨鬥

當主管感受到「有你在的會議就是順」、「你參與的案子進度就是快」、「你溝通的團隊總是合作得好」，那麼你將不再是執行者，而是組織中「系統調節者」的存在。而這種角色，是升遷時最具隱性競爭力的籌碼。

成為聯絡點的行動策略與升遷效益

如果你希望在組織中成為聯絡點，以下幾個策略將會是你可以即刻執行的關鍵行動：

- ◆ **建立「跨人際地圖」**：盤點你在公司內部各部門認識的人，並標注彼此之間的互動頻率與熟悉程度。缺口明顯處，就是你要擴展的領域。

- ◆ **主動擔任任務中的溝通中介人**：不怕麻煩、不怕協調、不怕被夾在中間。這些不被人爭的角色，卻是讓你最容易被所有人認識與倚賴的位置。

- ◆ **當資訊交錯時，主動提供全貌性整理**：例如一場跨部門專案結束後，你可以主動提供一份簡明整理，將任務歷程、合作重點與後續待解事務彙整成一份對外分享內容。這樣的動作，既展示了組織力，也強化了價值感知。

- ◆ **定期檢查你的「可信任感」**：你說的話，別人聽得懂嗎？你幫忙之後，對方是否覺得被尊重？你溝通的方式，是否讓不同部門的人都感到被理解？這些，決定你是否能在聯絡

點角色上立足長久。

一旦你在團隊中成為聯絡點,你的影響力就不再來自「你完成多少工作」,而是來自「有你在,大家會願意一起完成什麼」。而這種向上整合型角色,恰恰是企業在考慮誰能升上去時,最重視的職能。

第四節　被高層看見的社交策略

升遷不是表演,而是讓正確的人知道你準備好了

在升遷的賽局中,有一個往往讓實幹型工作者感到不公平的現象:為什麼有些人明明實力一般,卻總能獲得高層注意?而有些人默默付出、績效亮眼,卻從未被納入升遷討論?這背後,並非運氣問題,而是能見度與社交策略的差異。

升遷從來不是演藝圈式的表演,但它確實需要讓正確的人在正確的時機看見你具備正確的能力與態度。若你總是在自己的工作圈裡默默努力,從不主動建立與高層的關聯與交流,那麼你就會成為「績效數字上的人」,而非「升遷會議上的人」。

這並非提倡逢迎與包裝,而是要理解:組織越大、層級越多,越需要主動對上層傳遞你的價值訊號。否則,你將始終困於部門內部循環,即使再優秀,也無法跨越升遷的可視障壁。

第四章　社會資本的魔法：升遷不是單打獨鬥

因此，被高層看見，不是偶然發生的事，而是一種需要有意識經營的策略系統。你必須設計自己的曝光節奏、互動模式與價值對焦點，才能讓自己的努力轉化為組織記憶的一部分。

理解「高層視角」：他們關心的不是你多忙，而是你多能解決問題

要設計有效的社交策略，第一步是理解高層怎麼看人。他們不會像直屬主管那樣關心你每天做了哪些瑣事，也不會因為你加班很晚就特別感動。他們更關注的是：這個人是否具有解決組織痛點的能力？是否能承擔更大責任？是否能被信賴為未來的中堅？

因此，若你只在乎讓高層看到你努力，而沒有讓他們看到你與組織策略之間的連結，你的行為將無法被「對位解讀」。這樣的能見度，即使存在，也可能被誤讀或忽略。

有效的社交策略，必須用「組織語言」說話。你在高層面前不應只是回報自己的工作量，而應該主動連結部門目標、業務痛點與未來策略。例如：「我這次專案在整合跨部門資源時，發現流程斷點出現在業務與客服的交接處，建議未來可以建立簡化機制。」這樣的語言，讓高層聽到的不只是你完成任務，而是你具有上層視角。

此外，高層通常沒有時間細究細節，所以你要能在有限的

第四節　被高層看見的社交策略

互動中快速傳遞三件事：你在做什麼、你怎麼做、你帶來了什麼價值。這三點講清楚了，高層自然會記住你，不必靠硬性的「刷存在」。

不主動曝光，是一種職涯風險

有些人會說：「我做得好就好，不需要去讓別人知道。」但這樣的說法，在現實組織裡是危險的。你不主動曝光，並不代表沒有人替你說話，而可能代表沒有人知道該替你說什麼。

曝光不是浮誇的行銷，而是你作為一個組織成員，有義務讓相關利害關係人理解你正在產生的貢獻。這不僅對你自己有利，也對團隊、專案與部門有益。特別是在跨部門合作與高層策略討論頻繁的企業中，若你缺乏清楚可見的定位，很容易在晉升考量中被跳過。

有效的曝光策略應該是自然、節奏化、對焦式的。自然，代表你不是刻意表現，而是在工作節點中適當呈現成果與洞察；節奏化，代表你在每季、每專案、每輪提案後，都有系統地對上位者更新進度與反思；對焦式，代表你要選擇與高層關注點有連結的專案進行曝光，讓對方覺得你「在做有用的事」。

最關鍵的，不是曝光的次數，而是每一次曝光的品質與脈絡。讓高層記住你不是因為你「很常出現」，而是你每次出現時，都在「替整體提供解方」，而非只是報告自己進度。

第四章　社會資本的魔法：升遷不是單打獨鬥

社交不是取悅，而是共建認知與信任

許多人一提到「社交策略」就聯想到拍馬屁、裝熟與虛假互動，但真正有效的職場社交從來不是這樣。它不是為了取悅高層，而是為了建立一套雙方對你價值的共同認知與穩定信任感。

這種認知的建立，有賴於持續且真誠的互動，而不是一次性的炫技展示。例如：在會議中你可以適時引用高層近期談過的策略方向，顯示你有持續關注他們的思路；或是在私下小會後，主動提供一份你整理的執行摘要與觀察建議，讓高層知道你不僅執行得好，還思考得深。

你也可以透過協助高層解決「次要痛點」來增加互動機會，例如提供一份流程優化的建議、主動參與高層關注專案的事前調查研究，這些行為會讓你從眾多員工中被辨識出來。

高層互動策略：怎麼讓他們記住你？

若你想被高層看見，不妨思考以下幾項行動策略，將這些做法融入日常：

- ◈ **選擇性地回應高層語言**：如在會議中引用他們的方向觀點，並提出具體呼應策略，讓他們感覺到你不是只做事，而是跟得上他們的思維速度。
- ◈ **善用非正式互動時機**：茶水間、小型部門會議、公司慶功宴等，都可能是與高層交流的輕鬆場景，試著在這些情境

中表達你的洞察與觀察。

- **主動發信或報告更新，但以簡潔有價值為原則**：例如「上次會議提到的流程整併我做了一些初步統整，附上報告供您參考，若有偏誤請指正」，這樣的行為建立的是成熟、可依賴的形象。
- **適時尋求高層建議，而非請求指令**：與其請高層幫你拍板，不如說：「我目前有兩個執行方向猶豫，您會如何評估？」這類對話能讓你與高層建立「策略夥伴」的心理框架。
- **讓他們在別人嘴裡聽到你的名字**：這來自你平常與跨部門的表現與合作。當你的名字被其他主管或同事正面提及數次，高層會開始注意你，即使你們還不熟。

這些策略不求立即見效，但會在你每一次升遷週期前形成一股穩定的支持力量。畢竟，高層願意升誰，不是看誰最拚命，而是看誰最值得託付未來。

第五節　情緒智力與人際互信的建構法

升遷的深水區：不只看能力，而是看誰值得託付

在升遷的第一道關卡，主管通常看績效、看能力、看貢獻；但進入高階職位的第二道門檻，看的卻是：你是否值得信任、

第四章　社會資本的魔法：升遷不是單打獨鬥

是否具備情緒穩定性、是否能被團隊依靠。這就是為何在現代企業領導力發展中，「情緒智力」（Emotional Intelligence, EI）逐漸成為升遷決策的隱性關鍵。

心理學家丹尼爾・高曼（Daniel Goleman）在其研究中明確指出：決定一位領導者是否能成功，不在於他的 IQ，而在於他的 EQ。升遷越往高處走，越需要處理人際衝突、組織動態、部屬情緒與跨部門協調，而這些都不是技術問題，而是情緒智力問題。

簡單來說，你再會做事，如果沒人想跟你一起做，那你永遠只能是優秀的單打獨鬥者，而無法晉升為能夠整合團隊、引領變革的領導者。企業不缺高手，缺的是能讓人願意追隨的穩定核心。

情緒覺察力：
領導者從來不是最冷靜的人，而是最自覺的人

成為一個具備情緒智力的升遷候選人，第一步是建立「情緒覺察力」。這不是壓抑情緒，而是能夠在職場互動中即時辨認自己的情緒狀態，並理解其對他人與決策的潛在影響。

舉例來說，當你在會議中遭遇質疑時，你是否會瞬間防衛、語氣變重？當你遭遇進度壓力時，你是否會將焦躁情緒轉嫁給同事？當部屬無法達標時，你是否先責備還是先理解背景？這些瞬間，決定了你在他人心中的可信程度，也決定了你是否具備管理

第五節　情緒智力與人際互信的建構法

更大責任的心理成熟度。

企業會升遷一個人，從來不只是看他是否有才華，而是看他是否能穩定系統、不被情緒拉著跑、在壓力中仍能做出理性決策。這些能力不是來自個性天生，而是透過情緒覺察的長期練習所養成。

你可以從每天的工作互動中建立情緒日誌：今天我在什麼時候情緒波動了？原因是什麼？我如何回應？是否造成了誤解？下次我希望怎麼處理？這樣的自我回饋機制，是打造情緒智力的第一道功課。

情緒管理力：控制不是壓抑，而是轉化與引導

真正有情緒智力的人，不是沒有情緒，而是懂得管理情緒、轉化情緒，並適時使用情緒作為溝通工具。這種情緒管理力，是讓人感到安全、穩定與尊重的來源。

在帶團隊時，你會遇到很多讓你感到挫敗、不耐或沮喪的時刻。但若你每一次都將真實情緒毫無節制地表現出來，不僅會影響團隊氛圍，也會讓組織對你產生「情緒風險評估」：他是否能處理衝突？他是否適合管理更多人？他是否會在關鍵時刻失控？

良好的情緒管理，不是演戲，而是選擇合適的情緒表達方式與時機。當你遇到團隊疏失時，你可以堅定但不怒地指出問題，強調責任與改進方向；當你看到進步時，你可以真誠地表

101

第四章　社會資本的魔法：升遷不是單打獨鬥

達肯定與信任，讓團隊感受到自己的貢獻被看見。

情緒管理的重點不在「壓下不說」，而是「說出來的方式能促進合作，而不是加劇對立」。這正是升遷候選人在領導評估中最重要的能力之一。

建立人際互信：信任不是喜歡，而是可預測與穩定

升遷的最後一哩路，不在於你有多少技能，而在於別人是否相信你可以站在更高的位置上，仍然讓事情有序地發展。這種信任感的建立，來自於你是否在長期互動中展現出可預測、可倚賴與有原則的樣貌。

信任的本質，不是你是否討人喜歡，而是他人是否能預測你的行為。當你說過的話會兌現、承諾的事會完成、情緒反應不會過激、處理問題方式穩定，那麼你就會在同儕、部屬與主管之間累積一層又一層的心理信任資本。

而這種信任，在升遷會議時，會轉化為一句極具影響力的評語：「我相信他能處理好這個位子。」這句話，不需要你在場，卻比任何報告與履歷都來得有力量。

建立互信不需要驚人之舉，而需要每一日的細節累積：準時交付、不拖延、不推諉、誠實溝通、給予回饋、面對錯誤、保護他人尊嚴。這些細節不會立刻讓你升職，但會讓你在關鍵時刻比別人多一分支持。

第五節　情緒智力與人際互信的建構法

情緒智力是升遷的隱形履歷

每一位被提拔的人，都是被一群人「在心中寫過履歷」的人。你是否被寫成「值得信任」？「處事穩定」？「合作好配合」？「能帶人也能聽人」？這些描述的核心，不是績效，而是情緒智力的外在表現。

現代企業升遷評估中，越來越多公司加入「情緒穩定度」、「溝通合作能力」、「領導情境應對」等評量維度，這些都是過去容易被忽略、卻在升遷競爭中決定勝負的軟指標。

而這些指標，靠的不只是說得出來的理論，而是你長期在團隊、跨部門、主管之間展現出來的真實樣貌。當你具備高度情緒智力，你就能化解衝突、整合資源、促進對話，成為系統穩定的中樞，也成為企業最想要放在更高層的角色。

所以，若你想升遷，不妨先問問自己：我的情緒有被我管理嗎？別人與我互動時，是感到信任還是壓力？我能否在高張力情境中做出有尊嚴的回應？當這些問題的答案逐漸趨向肯定，你離升遷就越來越近了。

第四章　社會資本的魔法：升遷不是單打獨鬥

第五章
主管眼中的你：
升遷與領導印象管理

第五章　主管眼中的你：升遷與領導印象管理

第一節
主管不是提拔實力，是提拔可靠感

升遷不看你會什麼，
而是能不能撐得住

多數人誤以為升遷是實力競賽：誰技術強、誰業績高、誰表現突出，誰就能先一步晉升。然而，這樣的理解只對了一半。真正左右升遷決策的，不只是你「能不能做」，而是主管心中那個更深層的評估：「這個人我敢不敢交給他更大的責任？」

這就是所謂的「可靠感」──一種不只源自績效的印象，而是綜合了穩定性、預測性、承擔感與信任感的複合指標。主管不會只用 Excel 裡的數字來提拔人，他們會根據過往經驗與互動中形成的直覺印象來判斷：這個人，我能不能信任他在我不在場的時候，依然撐得住一個任務、一個專案，甚至一個團隊？

領導學者賴瑞・包熙迪（Larry Bossidy）與瑞姆・夏藍（Ram Charan）在著作《執行力》中指出，管理者提拔人選時最關心的不是「你完成了什麼」，而是「你面對不確定與壓力時的反應」。因為高位階意味著責任變重、風險變高，而主管升你，就是把自己的信任賭在你身上。

升遷真正的考驗，不是你多厲害，而是你夠不夠讓主管放心。

第一節　主管不是提拔實力，是提拔可靠感

「可靠感」的四大核心要素：穩、定、承、信

我們可以將可靠感分為四個具體維度來理解：

- **穩**：面對緊急情況時不慌亂，能保持專業節奏與決策判斷。例如會議臨時變動、跨部門突發合作、資源重配置等，你能不能帶著團隊繼續運行，而不是成為混亂源頭？
- **定**：情緒穩定與態度一致，不因私事影響公事，不在意見不同時失控爭執。主管會觀察你是否能以中立、理性的態度處理爭議，而不是逞強或責難。
- **承**：勇於承擔責任與失敗，不推諉、不逃避，對於成果成敗願意負責並找解法，而不是把責任丟給下屬或系統。這是升任管理職最重要的心理門檻。
- **信**：長期累積的信任印象，包括準時交付、保守承諾、如實回報、溝通清晰、態度誠懇。這種行為模式會讓主管在分派任務時「優先想到你」，而不是「先想別人」。

這四個面向，若你在日常工作中有意識地強化，就能讓主管逐步對你建立升遷信任。升遷不是靠一次亮眼表現，而是靠長期一致的「你交給他的感覺」累積起來的結果。

主管不會升「很強但很難搞」的人

在許多升遷案例中，我們可以觀察到一種情形：某些員工表現卓越、業績卓然，但多年來始終無法晉升。原因不在能

第五章　主管眼中的你：升遷與領導印象管理

力，而在「相處困難」。

主管的升遷思考不是只有績效一條線，而是綜合評估：「這個人升上去後，是否會讓我更輕鬆，還是更頭痛？」若你是那種每次交辦任務都要再三解釋、回饋都很激烈、容易把小事擴大為衝突、對其他人不包容、與跨部門摩擦多的人，那麼就算能力再強，主管也會猶豫。

因為主管的任務不是培養一個天才，而是建構一個能持續穩定運作的組織系統。當你讓主管覺得「升你上來，可能會帶來更多管理風險」，你就會在升遷名單裡自動被劃掉。

這並不是要你討好主管或喪失個性，而是要你意識到：職場是一個合作與信任的場域，而非單純的實力競技場。當你能把自己定位成「組織穩定推進者」，而非「能力很強但破壞力也強的人」，你才會真正具備升遷可能。

做到「主管想你」而不是「主管盯你」

升遷的另一個指標，是你在主管心中的預設模式──他是在什麼情況下想起你？是在緊急狀況時不得不找你救火，還是在要委託關鍵任務時自然地想到你？這兩種是天壤之別。

若主管總是在混亂或出包時想到你，那你在他心中只是「止血型資源」；但若主管在設計新任務、規劃團隊升遷、預備接班人選時想到你，那你就已經是「可託付型資源」。而這種轉換，

第一節　主管不是提拔實力，是提拔可靠感

來自於你平常是否有持續地展現出「我能接、我能撐、我能負責」的職場樣貌。

這也是為什麼升遷者的第一步，永遠是管理好自己的可預測性與合作感。當主管開始在你不在場時替你說話、替你規劃角色、甚至主動帶你進入更多決策場域時，這表示你已經成為「組織可信賴的穩定者」，而不只是「技術型即戰力」。

你越讓主管放心，主管就越願意帶你進升遷對話。而這一切的關鍵，不是你有沒有多強，而是你有沒有讓主管「無需擔心」。

可靠感是升遷的「隱性履歷」

我們常說升遷需要作品、績效與人脈，這些都是外顯資源，但真正讓你通過升遷審核的，往往是那份「看不見但感受得到」的可靠感。

這份可靠感就像是你每天為自己寫下的隱性履歷，它不會出現在簡報中、不會寫在 KPI 裡，也不會直接被主管問出口，但它卻會在升遷會議中主導每一個選擇與取捨。

當主管問：「這個人我們升得安心嗎？如果他上去了，我們系統會更穩還是更亂？」這就是可靠感起作用的時刻。

要打造這份履歷，你必須從日常的小事做起：

◆ 準時交件，不拖延。

第五章　主管眼中的你：升遷與領導印象管理

- 話說清楚，表達不模糊。
- 任務交辦時能主動補位，不只被動完成。
- 在他人有困難時能伸手，不只站邊看戲。
- 接受指導與回饋時，不辯解、不推責、不拖延。

這些行為加總，就是你在主管心中那句：「我可以信任他」的根源。而當這句話成為共識，你的升遷，就已經不遠了。

第二節　你的「升遷品牌」是什麼？

升遷不是產品競標，而是品牌認知的競賽

你是否曾遇過這樣的場景：某個同事並不特別搶眼，但一提起他的名字，所有人都點頭稱是：「他應該可以升。」為什麼？這並不是他做得最多、說得最好，而是他在他人心中早就建立起了一個清晰的職場品牌。

在升遷這場沒有公開招標的選拔中，主管並不會翻出所有人的成績單來細細比較，而是根據對你的總體印象與職場「角色定位」來做出判斷。而這份印象，就是你的升遷品牌。

升遷品牌，並不是你在社群媒體上經營的自我形象，而是你在主管、同儕與其他部門心中留下的可預測角色、價值關聯與信任輪廓。當別人提起你時，能否立刻說出：「他是那種能扛

第二節　你的「升遷品牌」是什麼？

責任的人」、「她總是在關鍵時刻挺身而出」、「他處理複雜專案很有一套」？若答案是肯定的，你就已經擁有升遷品牌的雛形。

　　現代組織行為學已明確指出，品牌力決定信任速度。在競爭激烈的升遷現場，擁有明確品牌的人，不需要從零說明自己的價值，而是讓主管與高層「一聽就懂」你適合哪個位置、可否承擔更高挑戰。這種品牌力，往往勝過口頭推薦與數據報告。

你不能沒有品牌，否則你就沒有被提起的機會

　　在升遷會議中，有一種沉默最致命：就是你的名字從頭到尾沒被提起過。這不代表你不夠好，而是代表你沒有明確品牌，無法被辨識。主管心中也許知道你努力、表現中上，但若沒有一個明確的價值標籤與角色印象，你就難以在升遷名單中占據位置。

　　想像品牌在人腦中的作用：我們提到運動飲料會想到舒跑或寶礦力水得，提到高端電腦會想到蘋果或戴爾。這些品牌之所以能被馬上聯想，是因為它們長期累積了清晰一致的定位、風格與價值主張。

　　而你，作為一個職場個體，在組織中同樣需要被「一詞定位」：是協調高手？是技術專精？是衝突解決者？是整合資源的推進者？你的升遷品牌不能模糊，因為模糊無法說服，無法說服就無法被提拔。

第五章　主管眼中的你：升遷與領導印象管理

因此，打造升遷品牌的第一步，就是找出你最想被記得的樣貌。不是你現在做了什麼，而是你希望主管提到你時，自然聯想到什麼。這種認知的塑造，是升遷策略的起手式。

打造你的升遷品牌：從角色到故事的設計

要讓別人記住你，你不能只「被看見」，而是要「讓人理解」。也就是說，你要把自己的職場角色設計成一個清楚、有邏輯、有故事線的職業品牌敘事。

舉例來說，若你想成為未來的策略主管，那麼你就應在日常任務中強調三件事：一、你看得見系統問題；二、你能設計解法並推動；三、你能統合資源與團隊朝向長期目標前進。這些行為，要讓別人反覆地、具體地看到，並逐漸形塑出「這個人是具策略思維與執行整合能力的」品牌印象。

這個過程不靠說，而靠做。你的每一次簡報、每一次決策、每一次會議回應、每一次面對困難的處理方式，都是你品牌故事的一部分。唯有一致的行為，才會產生清晰的印象。

此外，你還需要將這個品牌故事透過「中介者」傳出去。讓你的品牌不只存在於主管心中，也出現在其他決策者的語言中。這可以透過參與跨部門專案、內部講座、提案簡報，甚至是請教他人意見時順便展現你的價值主張。

第二節　你的「升遷品牌」是什麼？

最終，你要讓組織中出現這樣的語句：「我們這個缺，或許可以找某某人來接，他在這塊表現一直很穩。」當這句話能被自然講出，你的升遷品牌已經被內化到組織系統中了。

維護品牌一致性：
升遷不是一場高光秀，而是一種長期風格

一個品牌最怕什麼？不是沒人看見，而是「今天一個樣、明天又變樣」。職場也是一樣，你若希望升遷，就要讓自己的行為樣貌保持風格一致：別人對你的感覺不能忽高忽低、忽專業忽敷衍、忽理性忽情緒。

這也是為什麼，升遷品牌的核心其實是「自我一致性」。當你持續在行動、語言、態度、決策風格上保持穩定，別人才會對你建立「可預測」、「可信任」的品牌記憶。

這種一致性不是僵化，而是選擇一個你想要發展的領導樣貌，並有意識地以此為基準來調整行為與表達。舉例來說，如果你定位自己是「跨部門溝通高手」，那你在每次跨單位會議時就應該展現對他人意見的尊重與整合能力，甚至在爭議事件中出面協調、主動彙整不同意見。

這樣的行為一再出現，就會強化別人對你「能處理複雜合作」的印象，而這印象一旦深植人心，就能轉化為升遷會議中最具說服力的品牌力道。

第五章　主管眼中的你：升遷與領導印象管理

升遷品牌，
是讓主管無須再問「為什麼是你」的答案

　　升遷是一種「選擇與被選擇」的過程。當你的品牌強到讓主管在會議中不需多加說明、其他高層一聽就知道你是誰、做過什麼、能扛什麼，這就代表你的品牌已經在升遷系統中發揮作用。

　　這種作用力，會讓你的競爭對手多半被放在「還需要再觀察看看」的名單，而你會被歸入「已經準備好，可以升」的區塊。升遷品牌的力量就在於此：它讓你不必一再證明自己，而能專注在展現未來角色的能力與格局。

　　現在就開始思考：你的升遷品牌是什麼？你希望別人怎麼記得你？你是否已經在日常中展現了這個角色？你是否已讓別人知道「你就是適合那個位子的人」？

　　當這些問題有了答案，你的升遷就不再只是等待的命運，而是設計的結果。

▌第三節　第一印象與持續印象的心理操作

升遷不是單次表現，而是印象積分戰

　　在升遷的世界裡，表現當然重要，但真正決定你是否被列入候選名單的，不是你「曾經做對過什麼」，而是主管與高層

第三節　第一印象與持續印象的心理操作

「對你整體印象」的輪廓。這種印象,有時來自初次會面的一句話,有時來自某次會議中的風範,但更多時候,是你長期言行所累積出來的「感覺記憶」。

心理學家艾德華・瓊斯(Edward E. Jones)早在 1960 年代即提出「印象形成」,強調人在初次認識他人時,會根據少量訊息迅速建立一套認知模型,而這套模型一旦建立,就會影響之後所有評價,即使事後出現與之不符的證據,人們仍會用偏誤的方式解讀,這就是「初始效應」。

對升遷來說,這表示你在主管與高層眼中所呈現的第一印象,不是一次性的任務成績單,而是一個關於你是否適任的預設劇本。這個劇本會影響他們之後如何詮釋你的行為,甚至是否願意在重要會議中提到你。

然而,印象並非一成不變,還會受到「持續印象管理」的影響——你是否穩定地維持初印象的品質?是否能逐步深化、豐富主管對你的認知?是否能在關鍵時刻強化品牌價值?這些,就是升遷者最重要的心理操作場域。

第一印象是你的「心理預設位子」

升遷是一場「先入為主」的競賽。主管不可能記得所有人,但他會記得那些讓他有印象的人。這表示,你的第一印象,實質上就是你在升遷盤中的預設位置:你是可以升的人?潛力待觀察的人?還是現階段不宜升的人?這種分類,往往早在你察

第五章　主管眼中的你：升遷與領導印象管理

覺之前就已經完成。

而這個第一印象，常常不是靠正式報告或績效簡報建立，而是來自：

- ◆ 你第一次參與部門會議的發言風格；
- ◆ 第一次任務承接時的態度與主動性；
- ◆ 某次高層臨時詢問時的反應與表達；
- ◆ 他人對你的非正式轉述與口碑。

這些小事，往往就是升遷劇本的開場白。

所以，你在初進入新部門、新專案、新主管領導下的前三個月內，必須高度留意你在對方心中所留下的心理標籤。你是專業？可靠？有格局？還是沉默？防衛？不穩定？這些標籤將主導他對你日後的升遷觀點。

第一印象無法假裝，但可以設計。你應該針對自己希望建立的升遷品牌，事先設計好說話風格、參與模式、表達語言、回應框架與價值主張，讓第一印象不是靠運氣，而是靠策略。

持續印象管理：別讓好印象成為過去式

第一印象能開啟升遷之門，但若後續行為無法與之呼應，印象就會變調，甚至反效果。例如：你一開始被主管視為「果斷的執行者」，但之後多次任務中卻顯得猶豫與遲疑，原本的好印象反而會成為評價的對照組。

第三節　第一印象與持續印象的心理操作

這正是「一致性偏誤」的核心：主管一旦在心理中為你畫出一個人物設定，後續的觀察就會以此為標準來進行比較。若你不斷展現一致的行為，那麼正面印象會不斷強化；但若出現落差，主管對你的信任就會動搖。

因此，你的職場言行要有節奏、有層次地「經營」你的印象曲線。每次會議發言、專案簡報、回覆 Email、甚至與不同部門互動時，都要有意識地對齊你想要塑造的升遷形象。

你可以問問自己這三個問題來自我調整：

◆ 我是否持續展現出能解決問題的特質？
◆ 我是否讓別人感受到穩定與信任？
◆ 我是否有創造讓人願意推薦我的時刻？

這些答案決定了你的職場印象，是不斷被深化，還是逐漸模糊。

重塑印象的機會，總是在主動創造的時候發生

如果你已經覺得自己的職場形象陷入某種「被定型」的狀態——例如總被認為太保守、不夠領導力、表達能力普通——那麼請記得：印象不是不能改變，而是不能被動等它改變。

印象重塑，必須靠你主動設計的「反差性任務」來實現。也就是說，你需要設計一個場景，刻意呈現出與原印象不同的亮點。例如：

第五章　主管眼中的你：升遷與領導印象管理

- 過去被認為話少但穩定，那就主動申請一次對外簡報或內部訓練；
- 過去被視為只會執行，那就主動提出一項流程改善提案；
- 過去被認為不擅領導，那就主動帶領新人或接下跨部門合作任務。

這些行動的目的不是「秀」，而是讓主管重新「注意」到你，進而在你的印象檔案補上新的標籤。而這些新標籤，會在未來升遷討論中打開更多可能性。

只要你有意識地創造反差性任務、並且穩定地呈現新特質，印象就會逐步更新，主管對你的認知也會從過去式轉為進行式。

升遷是印象策略的勝利，不是努力的偶然

當你理解了印象操作的心理機制後，你會發現升遷不是靠單一表現，也不是靠突如其來的機會，而是你長期讓主管產生「你準備好了」的印象積分慢慢累積的結果。

職場中有太多人都在「等被看見」，卻沒有想過「我有沒有被記住？」而真正升遷的人，從來不是最用力的人，而是最早被記住、最穩定維持印象、最有效設計價值的人。

你的任務不是演戲，而是成為一個真實但經過策略設計的角色：你是誰？你有什麼特質？你處理事情的方式是什麼風格？你是否能勝任更高一階的責任？這些答案都藏在你每天呈現給

主管的「心理素材」中。

從今天起，請把你的每一次任務完成、每一次會議發言、每一次意見表達，都當成在撰寫你個人的升遷印象檔案。別讓別人想提拔你時，卻找不到合適的故事來說服其他人。

第四節　升職面談的說話術與自我敘事

升職不是答題比賽，而是敘事的藝術

當升遷機會正式來臨，許多職場人以為「面談」就是一場問答型競賽，只要準備好 KPI、成果報告與對答技巧就萬無一失。然而，在真實的升職面談場域裡，最打動主管的從來不是數字，而是你講出來的故事能否說服人：你為什麼值得那個位置？

行為經濟學者丹・艾瑞利（Dan Ariely）指出，人類在評估他人能力與價值時，邏輯分析只占一小部分，大多數決策仍然建立在「故事所喚起的情感與認同」上。換句話說，主管最終會提拔你，不是因為你說得對，而是因為你說的像一個他願意相信的未來版本你自己。

升職面談不是你在展示過去，而是你在說服主管相信未來的你將會是什麼樣子。這就需要你具備自我敘事能力——你如何連結過去的經驗、當下的成長與未來的領導願景，形成一條清楚、可信、有說服力的職涯故事線。

第五章　主管眼中的你：升遷與領導印象管理

這不是演戲，而是把你的人生經歷轉化成組織願意投資的可能性。

開場三分鐘：
決定你是自我推銷還是價值對話

面談的前幾分鐘，是決定性時刻。這段時間主管會快速形成一種印象：你是在「推銷自己」，還是在「討論未來角色」。兩者差異關鍵在於語言架構——前者強調「我多棒」，後者則強調「我準備好承擔什麼」。

想像下面兩段話的差別：

A：「我過去這三年在專案執行上都有超標完成，也參與了幾個跨部門整合任務，這些我都有記錄數據，可以提供參考。」

B：「我在這三年中，刻意鍛鍊了橫向合作與資源整合能力，因為我預期未來若能擔任主管角色，這將是我最需要的核心職能之一，我也試著在幾個專案中模擬未來可能面臨的挑戰。」

A 是績效說明，B 是角色預演；A 是成績陳述，B 是價值傳達。

要讓主管相信你是下一位合適的領導人，你需要跳出 KPI 列舉的安全框架，進入角色轉換的敘事架構。你的敘事要讓主管聽見：「這個人不只是把事做完，他已經開始用下一階主管的視角在運作自己。」

第四節　升職面談的說話術與自我敘事

這種語言會讓主管在心中產生一種心理反應:「他講的,不只是他做過的事,而是他已經準備好怎麼做我現在需要的事。」

成為敘事主角:
用行為取代標籤,用場景取代形容詞

升職面談的最大陷阱之一,是你太快進入自我定義:「我是一個有領導力的人」、「我很擅長溝通」、「我做事一向很負責」。這些話說起來容易,但主管聽過成千上百遍,早已不具說服力。

真正有效的敘事,是用具體行為替代抽象形容詞、用真實場景取代模糊價值。舉例來說:

不要說「我很會帶人」,要說「我在去年新人成長專案中主動設計了回饋機制,讓五位新人在前 60 天內達到預期成果,並主動回報希望能持續與我學習」;

不要說「我很有責任感」,要說「那次關鍵專案原本預期延誤,但我把三個部門關鍵里程碑重新規劃成平行作業,提前三天交付給客戶,主管當時給予了信任表揚」;

不要說「我具備策略性思維」,要說「我在部門 KPI 設計時發現部分指標無法反映價值貢獻,於是提出改用效益權重方式,並成功獲得財務部支持,改制至今沿用」。

這些敘事之所以有力量,是因為它讓主管「看見你如何運作這個組織」,而非只能聽你自我標榜。

第五章　主管眼中的你：升遷與領導印象管理

記住：讓自己變成故事的主角，而不是旁白。你要站在故事裡說出行動，而不是站在舞臺外說出評論。

面談語氣的設計：
不謙虛、不誇張，而是成熟

敘事除了內容，還有「語氣設計」。升遷面談不是績效報告會，也不是選舉演說，更不是哭訴大會。你需要以一種成熟、穩定、正向又具體的語氣，傳達出你有自知之明，也有組織責任感。

語氣過度謙虛，會讓主管覺得你還沒準備好承擔角色；語氣過度誇張，則會讓人質疑你是否真的了解組織挑戰。

所以你應該採取一種「自信且謙遜」的語調：承認自己的成長空間、明確指出曾經犯錯並學習的歷程、表達自己對未來角色的尊重與理解，這樣的語氣才會讓人感受到你的心理成熟度與領導意識。

例如你可以這樣說：

「我在跨部門整合的前幾次，其實處理得不夠流暢，主要是我當時對對方部門流程認知不足。但後來我主動參與他們部門內部例會三次，對整體運作有了掌握，下一次合作時我們整合時間減少了近40%。我學到的是：想帶人，不能只站在自己的立場看流程。」

這樣的敘事讓主管聽見的不是你錯過了什麼,而是你學會了什麼。而這種「學會」本身,就是最具說服力的升遷證明。

結尾發球權:
設計升遷的期待,而非乞求

面談的最後幾分鐘,是你將自己敘事轉化為升遷申請的關鍵時刻。許多人會在此陷入尷尬,不知如何說出口,結果要嘛講得太卑微,要嘛講得太強勢。

正確的做法是設計一個由敘事自然推演出的期待發言,例如:

「基於過去這幾年的經驗與我正在強化的能力,我希望能夠有機會承擔更大一點的責任與團隊規模,也請主管給我更多回饋,我想知道自己還有哪裡需要補強,讓我能離那個角色更近一點。」

這樣的結語不會讓人感到你在「爭」,而是你在「準備」,也展現出你不把升遷視為理所當然,而是將其視為承擔與回應組織期待的歷程。

你若能做到這一點,就算當下未被提拔,也會讓主管把你納入下一階段的培育名單。而這,正是升遷面談的最高目標:進入組織的信任預備池。

第五章　主管眼中的你：升遷與領導印象管理

第五節　升遷前哨站：
　　　　內部輪調與臨時任務

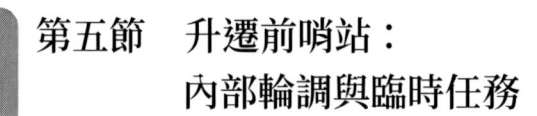

升遷不從辦公桌發生，
　而從轉換位置開始

在大多數企業裡，升遷從來不只是靠表現「累積到點數」，然後就自動被提拔。真實世界的升職過程，往往經過一段灰色地帶，那是一個模糊但關鍵的地段：你開始承擔不屬於你現職的工作責任，卻還未正式被任命。

這個灰色地帶，其實就是升遷的「前哨站」，而最常見的形式就是：內部輪調與臨時任務。

當主管讓你去支援另一個部門、派你加入跨部門整併小組、請你代理同事職務、安排你參加策略會議、邀你協助準備高層簡報，這些看似「額外工作」的安排，其實正是在測試你是否具備下一階角色的能力、心態與穩定性。

職涯教練琳達・希爾（Linda A. Hill）在哈佛商業評論中指出：「最成功的升遷不是突然發生的，而是透過一連串暫時代理的角色逐漸發展起來的。」她稱這類經驗為「影子升遷」——你尚未擁有職稱，卻已進入那個層級的工作內容。

而這些任務，正是你證明自己可以升的最佳機會。

第五節　升遷前哨站：內部輪調與臨時任務

「先上場、再換球衣」：升遷從角色扮演開始

企業在升遷前，通常不會直接給你職銜，而是觀察你是否能夠「在無頭銜的情況下先扮演那個角色」。這種觀察機制既現實也謹慎，因為主管不想升錯人，而更願意「讓你先演一次，看看你怎麼做」。

如果你在某次臨時代理期間，把事情處理得當，甚至協調、領導、整合得比預期好，那麼你不只是完成任務，而是為未來的升遷預演了一場成功劇碼。

這也說明了，當你被賦予一項臨時性的主管任務或非你職級的專案職責時，千萬不要只把它當成過渡，而應視之為實戰版升遷考核。在這段期間內，你展現出來的管理力、整合力、表達力、情緒穩定度與合作風格，都會被主管與高層當作觀察樣本。

請記住這句話：你怎麼處理臨時任務，就決定別人是否把你當正式角色看待。

輪調不是流放，而是策略性曝光

許多人對輪調抱持排斥心態，認為那是「被流放」、脫離熟悉環境、無法表現專長，但實際上，輪調是你打破印象定型、創造跨部門影響力的最佳方式。

當你進入一個不熟悉的單位，能快速理解狀況、適應文

第五章　主管眼中的你：升遷與領導印象管理

化、解決問題，這種「移動中的穩定性」會被高層高度重視。因為真正能升上去的人，必須具備「進入新場域也不會垮」的適應韌性與系統轉譯力。

此外，輪調還能讓你認識不同部門的運作邏輯，建立跨單位人脈，讓你在未來升任中高階主管時，具備整合不同職能的能力。這些經驗無法在單一部門中獲得，而必須透過輪調這種「短期嵌入式實戰」來鍛鍊。

所以，當輪調機會來臨時，請別猶豫。即便這不是你熟悉的領域、即便看起來會讓你短期表現下滑，只要你設定好策略、明確展現貢獻價值、與原單位維持連結，那這段經歷會成為你升遷履歷中最強大的底牌之一。

如何讓「臨時」變成「必然」：三個策略

被指派臨時任務或輪調後，你不能只是「把事情做完」，你要做到「讓大家開始覺得，這位置你就該坐下來」。以下三個策略，是將臨時轉正的關鍵：

- **自帶系統觀點**：不要只是解決任務，而要顯示你理解整體流程、影響路徑與策略意涵。讓主管感覺到你已具備上位階思維。
- **打造正面傳播點**：有意識地讓其他部門夥伴與主管聽見、看見你做事的方法與成果。不是自我推銷，而是用具體貢

第五節　升遷前哨站：內部輪調與臨時任務

獻建立品牌認知。

◆ **主動回饋與提案**：結束任務後，不是默默退場，而是提出一份觀察報告或優化建議，顯示你有思考、有總結、有未來計畫。這種「不只是任務執行者」的樣貌，就是升遷者的證明。

當你做出這三件事時，主管就會開始產生心理預期：「如果他坐上這個位置，應該會讓整體運作變得更好。」而這個預期，正是未來升職決策的核心依據。

用暫時的任務，寫下你永遠的升遷故事

內部輪調與臨時任務，往往來得悄無聲息，有時甚至不受歡迎，但它們卻是升遷旅程中最關鍵的轉運站。在這些場域裡，你有機會跳脫平日角色，被更高階的決策圈看見；你有機會用行動取代履歷，用改變取代等待。

不要輕看這些被派去支援、協助、代管的經驗，它們會一點一滴地寫下主管與高層對你最重要的升遷敘事：你已經在無聲中，做出讓人放心的選擇了。

當升職名單開始討論時，別人需要講一堆數據來證明你值得，而你，只需要一句話：「你記得他上次代理那個任務時的表現嗎？」

這句話，會比任何履歷都更有力量。

第五章　主管眼中的你：升遷與領導印象管理

第六章
升職的倫理與風險管理

第六章　升職的倫理與風險管理

第一節　升職中的辦公室權力角力

升遷不是無人之境，
而是一場靜悄悄的權力棋局

在多數人眼中，升遷是一件光明正大的事：努力工作、表現優異、績效達標，自然就能晉升。然而，一旦你進入真實的組織環境就會發現，升遷不只是個人競爭，更是一場權力角力的過程。而且，這場角力往往發生在看不見的地方，與你無形中牽連，甚至早在你還沒準備好之前就已開始。

升遷的本質，其實牽涉到資源、位置與影響力的再分配。你若晉升，意味著別人可能喪失掌控、失去影響，或無法再維持既有的關係結構。這種變化，無可避免地會引發權力的重新排列與微妙對抗。

因此，每一次升遷，都不只是個人向上的轉換，也可能牽動他人既有利益的重新排序。當你爬升，別人可能退場；當你獲得信任，別人可能失去話語權。這正是升遷成為權力角力焦點的心理根源。

理解這一點，你才能不再用純粹績效觀看待升遷，而是開始看見背後的布局、感知、態度與節奏控制。

第一節　升職中的辦公室權力角力

權力不是階級，而是人際系統中的影響力

在職場裡，權力從來不只是職稱或頭銜，它是一種無所不在、靈活變形的影響力結構。你可能沒有職位，卻能左右專案決策；你可能是中階主管，卻能直接影響高層信任；你甚至可能只是幕後合作者，卻能牽動資源流向與資訊流通。

當你準備升遷，實質上就是進入一個新的權力場域。而這個場域裡的遊戲規則，不只看你能做什麼，而是看你在這個系統中能否成為資源整合者、能否得到他人支持、能否在不破壞平衡的情況下上位。

這也解釋了，為什麼有些人明明能力出眾卻屢屢失敗——他們忽略了人際系統中潛在的反作用力。當你沒有覺察他人的焦慮、沒有平衡既有結構的情緒、沒有照顧到團隊中其他潛在候選者的感受，你的升遷可能就成了「破壞式上升」，而非「系統性整合」。

真正的職場高手，懂得在升遷過程中控制節奏、擴大支持、安撫疑慮、化解潛在阻力。他們不只對上負責，也讓對下與橫向關係保持平衡。這樣的升遷才是有基礎、有承接、有可持續性的。

第六章　升職的倫理與風險管理

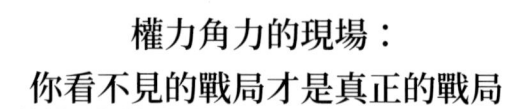

權力角力的現場：
你看不見的戰局才是真正的戰局

升遷的權力角力，最難對付的往往不是那些公開的批評，而是那些藏在日常中的非語言線索、暗示行動與情緒氛圍。當你開始感受到某些會議不再邀請你、主管的語氣變得微妙、某些平行部門的人對你變得冷淡，這些都可能是你升遷引發系統緊張的徵兆。

職場心理學稱之為「非正式抵制機制」，即組織中為了保護既有秩序所發動的一種潛意識性對抗。這些對抗不會公開反對你升職，但會以「保持中立」、「冷處理」、「拖延」、「轉移焦點」的方式讓你的升遷受阻。

你需要具備高度的敏感力來察覺這些現象，並在不激化衝突的前提下主動釋放訊息、修復關係、強化價值交換。

例如：

◆ 與原候選人私下溝通，表達對他的尊重與未來合作意願；
◆ 對於異議方的質疑，給予透明回應與具體貢獻對照；
◆ 主動邀請潛在反對者加入專案決策圈，給予參與與掌握感。

這些作法都不是討好，而是讓升遷從「個人結果」轉化為「團隊共同利益的實現」。當你讓升遷成為整體前進的工具，而非個人勝利的象徵，權力角力就會自然淡化。

第一節　升職中的辦公室權力角力

保持清醒的政治感知，而不是被拉進權力遊戲

升遷者最容易犯的錯，是從權力角力的對象變成權力遊戲的參與者。一旦你開始進行派系結盟、操作排擠、散布競爭資訊，你可能短期內勝出，但長期來看，你已喪失了升遷者應有的「領導正當性」。

你要學習的，不是政治操作，而是政治敏感度（political sensitivity）：知道哪裡可能觸動組織結構的痛點、了解誰是關鍵人物、意識到自己的行為可能引發什麼反應、調整自己的步伐與表達以保護系統穩定。

政治感知不是陰謀論，而是一種心理與系統的同理能力。真正高段位的升遷者，能夠在充滿緊張的組織環境裡，用溫和的節奏與高明的說話方式消弭衝突，建立共同認知，讓自己成為組織穩定而非分裂的力量。

記住這句話：你升職的方式，決定別人是否願意支持你之後的領導。

升遷要贏得戰役，更要維持局面

如果說升遷是一場職場戰役，那麼最難的不是獲勝，而是在獲勝之後，仍能讓組織平穩前行。這需要你對權力角力有足夠認識，對人心動態有足夠掌握，並具備一種「非對抗式領導策略」。

第六章　升職的倫理與風險管理

當你被選中，別人不見得會立刻擁抱這個結果。他們可能口頭支持，內心保留；可能表面合作，實則冷眼旁觀。你要做的，不是要求立即服從，而是主動展開「關係修補工程」。

你需要讓組織成員相信：你不是來奪權的，而是來整合大家一起往前的。這樣的姿態與做法，才能讓你不只是當上主管，而是當得住、領得動、穩得下來的主管。

第二節　避免踩線的政治敏感度

升遷不是只看實力，更是對權力結構的判讀力

在多數職場中，升遷者通常被要求具備兩種能力：一是能解決事，二是能處理人。解決事靠專業與經驗，而處理人則更依賴一種被低估但極其關鍵的軟技能 —— 政治敏感度。

政治敏感度不是勾心鬥角，而是對組織動態、權力分布、人際張力的精準洞察與節奏拿捏。它是一種內建的雷達，幫助你避開高壓區、掌握節點人物、理解話語時機、辨識地雷話題。這不關乎你是否善於逢迎，而是你能否看得懂這場升遷棋局背後的真正盤勢。

升遷最危險的時刻，是你誤以為自己只要表現好就可以了，而忽略了那些沒有寫在制度裡的潛規則。這些潛規則，正是政治敏感度要處理的重點所在。

第二節　避免踩線的政治敏感度

擁有政治敏感度的人,不是誰都討好,而是知道什麼時候該說、該不說,什麼人該主動靠近,什麼事該靜觀其變。這種敏銳度,正是避免在升遷過程中踩雷的關鍵。

權力地圖的閱讀:誰是影響升遷的關鍵節點?

政治敏感度的第一步,是學會閱讀組織內部的「權力地圖」。升遷的決策從來不是只由你直屬主管拍板,而是受整個環境系統的多方影響:高層領導的策略方向、人資部門的職能設計、其他部門主管的意見、團隊成員的合作氛圍。

你若只關注一個主管的想法,卻忽略了隔壁部門主管其實對升遷案也有發言權,那麼你可能會無意間踩到反對者的線。你若只顧成果,卻沒注意你負責的專案其實正觸動了另一個部門的資源利益,也可能引發潛在抵制。

你要做的是建構一張「升遷影響者網絡」圖譜。這不只是列出誰在位階上比你高,而是辨識以下幾類人:

◆ **發聲者**:在升遷會議中會具名推薦或反對的人;
◆ **門神者**:雖不做決策,但會左右資訊傳遞或形象塑造的人;
◆ **場外輿論者**:可能私下對你有意見或影響氣氛的人;
◆ **潛在盟友者**:能在你不在場時替你說話的人。

掌握這些人的關鍵動向與語言偏好,是你避免踩線與有效布局的第一層感知訓練。

第六章　升職的倫理與風險管理

升遷踩線的四大盲區與補強策略

在實務上，多數升遷受阻不是因為明顯犯錯，而是「踩了政治紅線而不自知」。以下是四個最常見的踩線盲區，以及可行的應對策略：

■ 過度爭功

有些人過於強調自己的貢獻，卻忽略這些貢獻其實是團隊合作結果。當你在簡報或面談中過度自我標榜，其他人會感受到被掠奪成果，進而在背後否定你。

→策略建議：在說明績效時，強調「我與哪些人怎麼合作」，展現整合者而非獨行者的形象。

■ 提前宣告升遷意圖

在未經主管認可前，私下向他人透露自己即將升遷，會造成其他人反感，也讓主管在決策上被動。

→策略建議：升遷意圖應由正式管道提出，非正式場合應保持「我仍在學習與準備」的姿態。

■ 公開比較他人不足

試圖透過貶低他人來突顯自己，只會讓你被視為不穩定因素，甚至破壞團隊信任。

→策略建議：將話語焦點放在自己如何成長與進步，而非別人如何不足。

第二節　避免踩線的政治敏感度

■ 冷落既有支持系統

被主管重用後,若你開始與原本並肩作戰的同儕保持距離,會被視為「上位即變臉」,削弱後援基礎。

→策略建議:主動維繫橫向關係,讓團隊感受到你並未自我隔離,而是仍願意共享榮耀與資源。

避免這些盲區,是讓你升遷「走得穩」而不「被暗算」的必要練習。

操作「感知」而非「干預」:
做一位優雅的升遷候選人

政治敏感度真正高明的地方,在於你不是成為政治遊戲的參與者,而是學會在不干預、不逾矩的情況下,展現成熟、適位、可托付的風格。

你不需要取悅所有人,但你必須知道誰會影響氣氛、誰會左右敘事、誰是關鍵傳聲者。你不是討好,而是選擇用正確的語言在正確的時機傳遞正確的訊息。

例如:

你知道某主管會對升遷提名意見很重,你可以在非正式場合詢問他對你參與某專案的觀察,間接建立信任;

你知道某部門可能認為你「資歷不夠」,那就主動在跨部門會議中強調合作思維與承接能力;

第六章　升職的倫理與風險管理

你知道某同仁會覺得自己被跳過,那你可在升遷前後主動拉近關係,降低他在組織內發聲的抗拒動機。

這一切的前提都不是玩弄權術,而是以高度的自我覺察與人際尊重,妥善處理升遷所牽動的心理與組織影響。

成為被信任的升遷者,而不是被懷疑的競爭者

升遷不只是結果,更是整個過程中別人怎麼看你、怎麼理解你、怎麼接受你。你若讓升遷過程中滿是緊張、誤解與踩線,他人即使嘴上不說,內心也會為你築起一道無形牆,讓你之後在領導角色中寸步難行。

但若你以高段的政治敏感度,自律而有節奏地經營關係、化解潛在衝突、尊重制度流程與人際節點,那麼你不只會被升上去,更會被信任著升上去。

這種被信任,不是因為你低聲下氣,而是因為你被認為:懂得站在組織的高度看待自己的升遷,而不是把升遷當成私利的戰利品。

真正的升遷高手,永遠不讓人覺得「他上來會威脅我們」,而是讓人相信「他上來,系統會更穩」。這樣的人,升得快,也站得穩。

第三節　上位後的反感與嫉妒處理

升遷不是結束，而是關係重新排序的開始

當你終於升遷成功，多數人會以為「挑戰已經結束」，但事實正好相反：真正複雜的戰場，從你接下新職務的那一刻才開始展開。升上去的你，不再只是團隊的一員，而成為結構中的節點、權力的象徵、過往默契的重新定義者。人與你的關係，將不再只是合作，更有可能夾帶情緒與評價。

這其中，最難以啟齒卻無所不在的，就是來自同儕、前上司、甚至部屬的反感與嫉妒情緒。這些情緒未必會公開表現，但它們會悄悄地透過語言、態度、互動頻率、資訊傳遞方式滲入你的日常，成為你角色轉換後無法忽視的心理氣候。

個體角色一旦轉換為「高位者」，即便行為不變，也會因他人認知升級而產生「行為放大效應」。也就是說，你原本的風格、語氣、做事方式，到了主管位階後都會被放大檢視與過度解讀。

所以升遷後的第一課，不是管理目標，而是穩定情緒環境、重新設定信任關係、妥善處理反感與嫉妒的氛圍。

嫉妒是心理機制，不是道德問題

在升遷後面對的情緒張力中，嫉妒是最常見、也最被低估的一種情緒。它不見得來自惡意，而往往來自比較失衡——當

第六章　升職的倫理與風險管理

別人認為自己與你表現相近、資歷相當，卻是你獲得升遷，他們會不自覺地感受到「不公平感」。

這種感受不會馬上被說出口，但會在潛意識中影響他們對你的評價。例如：

- ◈ 你提案時他們默默不給反應；
- ◈ 你發信時他們習慣性不回應或慢回；
- ◈ 你開會時他們冷靜但缺乏參與意願；
- ◈ 你要求合作時他們執行力明顯降低。

這些看似微小的改變，若不處理，將會使你的新主管位置處於無聲的抵抗狀態。

但請記得：嫉妒是一種正常情緒，而非道德瑕疵。你無須責怪，也不必逃避，而應以一種成熟的自我定位來看待這一切。

成熟的主管會理解：升遷不只是個人勝利，更是系統震盪的起點，而這種震盪，需要你用格局、智慧與穩定來面對。

面對反感，不解釋、不對抗、要回到行動

反感的來源除了嫉妒，還可能來自角色重構後的「期待落差」。例如：你曾經與某位同事是合作默契的夥伴，但當你變成他的主管後，對方可能無法適應從「平等對話」轉為「權力關係」的轉變，進而產生微妙的不滿。

第三節　上位後的反感與嫉妒處理

處理這種情緒，最忌諱的是過度說明或情緒化回應。你若試圖為升遷「辯解」，反而會讓對方覺得你心虛或強勢；你若選擇冷處理，則可能放大對方的被排斥感。

正確做法是：不解釋、不對抗，但要透過具體行動重新建立互動模式與信任感。

你可以透過以下方式重新展開關係修補：

◆ 私下主動找對方討論具體任務，並肯定其專業與價值，讓他感受到「你還是一樣尊重他」；
◆ 在團隊會議中，公開表達你對團隊每位成員的期待與信任，並強調你將以開放的態度接受回饋與支持；
◆ 面對潛在反感者，給予小範圍的責任與空間，讓對方重新感受到影響力與參與感。

這些做法不是妥協，而是你作為新主管、願意承擔情緒修復責任的展現。而這正是升遷後領導者需要具備的「社會修補力」。

建立新信任：
你不再是夥伴，而是界線清楚的支持者

升遷意味著角色關係的重新定義，過往的平等與親密，不再適用於現在的上下關係。這不代表你要與過去的朋友斷絕，而是要重新設定一種「界線清楚但關係溫暖」的合作模式。

新的信任，來自以下幾個層面：

第六章　升職的倫理與風險管理

- **預測性**：你是否穩定、一致、有原則地處理事務，不因私情偏頗；
- **正當性**：你所做的決策是否以團隊與組織目標為優先，而非個人好惡；
- **透明性**：你是否願意分享思考過程、給予建設性回饋，讓人有參與感；
- **尊重性**：你是否依然重視過去的貢獻與專業，不因角色改變而高高在上。

當你持續展現這四種特質，即使最初有人不適應你升上來的角色，也會逐漸轉向接納。因為你用行動證明了：你不是一個利用升遷改變關係的人，而是一個在角色轉變中仍然尊重關係的人。

把嫉妒轉化為對未來的投射

最成熟的升遷者，懂得將嫉妒情緒轉化為一種「未來的心理空間」。當你升上去後，若能主動培養潛力人才、協助他人接觸高層、分享你過去爭取機會的經驗，你會讓那些原本不滿的人開始想像：「也許我也有機會。」

這時，嫉妒不再是阻力，而是轉化為期待與投射。這需要你具備極大的心理能量與格局 —— 不把升遷當作封頂，而是當作啟動他人成長的槓桿。

當你升上去後，仍願意扶別人一把，你的影響力就不只是主管角色，而是一種真正的領導力量。這樣的你，才會讓人尊敬，而不只是服從。

第四節　面對競爭對手的策略應對

升遷之路上，競爭從不是異常，而是必然

當你準備升職的那一刻，勢必也有人正在往同一個位置前進。在這場沒有明說、卻人人參與的升遷選拔中，競爭者的存在不是突如其來，而是制度設計中的一部分。升遷的本質，就是在有限位置中進行的價值排序，而非普遍嘉獎。

在這樣的結構下，你無可避免地會與他人形成「同場較勁」的局勢。這些競爭者可能是過去的同梯、合作的夥伴，甚至是曾經支持你的人。情感的複雜、情勢的微妙，往往讓升遷的競爭不像比賽那樣透明，而更像是一場暗潮洶湧的心戰。

職場研究者赫米尼亞・伊巴拉（Herminia Ibarra）指出：「組織中真正的競爭，從來不是在公開會議中發生，而是在信任、認同與敘事的心理場域裡決勝負。」換句話說，升遷競爭的關鍵，不在於你是否擊敗對方，而在於你如何在競爭中仍保有信任、風度與未來合作可能性。

第六章　升職的倫理與風險管理

這不是要你放棄競爭，而是要你以更高段的策略視角，理解並應對競爭者的存在。

升遷競爭的三種常見型態

面對升遷競爭者，並非每一種都需要相同應對。根據競爭者的性格與行動模式，我們可大致歸納出以下三種類型：

1. 透明型競爭者

他們態度正面、方式直接，會在公開場合展現績效與想法，願意面對比較而不操作人際。他們是可敬的對手，也是潛在的合作盟友。

→應對策略：以實力互相切磋，保留未來合作的尊重與空間，並可主動共同推動部門專案，強化團隊共識。

2. 低調型競爭者

他們表面平靜，實則持續經營升遷布局，可能透過關係網絡、非正式發言、口碑建構來逐步鞏固地位。

→應對策略：別輕忽其影響力，須強化你在高層與關鍵人物間的能見度，並透過明確價值輸出（如簡報、專案成果）來鞏固優勢。

3. 操作型競爭者

他們可能以挑撥、抹黑、製造誤解的方式削弱對手，試圖透過組織暗線拉高自身勝率。這類人最具危險性，尤其在你毫

第四節　面對競爭對手的策略應對

無防備時下手。

→應對策略：不對抗、不回擊、專注於強化自我正面敘事與可被驗證的貢獻紀錄，並爭取高層及關鍵人對你的真實理解。

不同的競爭者，需要不同的策略。你的任務不是擊潰他人，而是在多方視線中站穩自己的角色，讓選擇你成為最自然的決定。

面對對手操作時，最強的反擊是「可被他人證實的價值」

在升遷過程中，有時對手可能會針對你發動攻擊，方式可能包括：

◈ 質疑你在某次專案中的角色與貢獻；
◈ 在會議中暗示你領導風格過於強硬或獨裁；
◈ 散布你與某主管私交良好因此升職不公平；
◈ 將你過去的小錯誤放大，試圖重塑你的形象。

此時，你最忌諱的，是陷入情緒反擊或私下說人壞話。這會讓你從一位被動防守者變成另一個參與泥沼的人，削弱你原有的正面品牌。

最強的應對方式，是：用具體、可驗證的成果與一致的行為，向組織持續傳遞「我是值得信任的」訊息。

具體做法包括：

第六章　升職的倫理與風險管理

- 請直接主管或跨部門合作對象提供回饋，以專業觀點為你背書；
- 強化個人在團隊中的貢獻視覺化，像是數據呈現、專案回顧報告；
- 在公眾場域中持續維持穩定風格，不因個人情緒而失控或改變原則；

遇到負面評論，選擇「有溫度的反應」，如私下澄清或高層溝通，而非公開回擊。當組織發現你面對不實操作仍能保持節度與清明，他們會對你的領導成熟度另眼相看，而這會讓對手的操作反而成為你風格的對比襯托。

將競爭轉化為「對自己品牌的雕刻」

成熟的升遷者，不害怕競爭，反而將競爭當成一面鏡子，反思自己在別人眼中是什麼模樣。

當你發現競爭者強在哪裡、受歡迎在哪裡、與高層溝通比你順暢，你不應該嫉妒，而應該問自己：

- 我的價值在組織中是否清楚？
- 我的表達是否讓別人能轉述？
- 我的合作模式是否讓人願意挺我？

這些反思會讓你不斷雕刻自己的品牌，讓你在未來不只是這次升遷的候選人，而是組織中值得長期信任的成員。

競爭不是災難，而是修正與強化的催化劑。你越能把競爭對手當成參照與練兵場，你的升遷過程就越有韌性。

贏得升遷，不等於失去關係

最後也是最重要的提醒：升遷的競爭雖然現實，但你不該為此犧牲人際信任與職涯長遠合作機會。你今天的對手，可能是明天的合作夥伴，甚至是你部門的副手。

因此，請維持一種姿態：不論升與未升，你對所有參與者保持尊重、謙遜與合作意願。你若獲勝，可私下表達感謝與邀請合作的誠意；你若未獲選，也應展現風度與持續努力的態度。

這樣，你的升遷之路就不只是一次職位的移動，而是一場風格與格局的示範。而這種格局，會在未來更多次的晉升機會中，成為別人願意選擇你的關鍵原因。

第五節　升遷決策的公平性與內部觀感管理

升遷結果不是結束，而是組織氛圍的重新設定

在一場升遷決策公布後，最先被看見的往往是結果：誰升了？誰沒升？但對組織真正影響深遠的，不是誰升誰沒升，而是其他人怎麼「感受」這個升遷決策是否公平。升遷若只是對結

第六章　升職的倫理與風險管理

果本身做交代,卻忽略整體觀感,那麼即使選對人,也可能損壞團隊士氣。

組織心理學稱之為「程序公平」:員工更在意的是這個決策是否經過合理程序、有明確標準、是否公開透明、是否兼顧多元觀點。一旦這些程序感消失,即使升的是實至名歸之人,其他人也可能因「觀感不好」而產生挫折、冷漠,甚至離心。

更進一步,若升遷結果牽動的是團隊之間的資源分配、職權重疊、文化價值的變動,那麼觀感管理不只是倫理問題,更是組織穩定性的關鍵工程。

因此,升遷是一場全組織的心理事件,不只是單一個體的職涯跳躍。你若是升上來的那個人,更應清楚理解這一點——你所繼承的,不只是職位,還有別人對這個職位的想像與期待。

組織公平與人情期待的拉鋸戰

升遷之所以容易引發觀感爭議,往往是因為「標準」與「情感」常處於拉鋸之中。主管可能依據績效、潛力、團隊貢獻做出客觀評估,但部屬之間卻可能從人際情感出發,思考誰更辛苦、誰資歷深、誰忠誠久遠。

這兩者的落差,就是觀感失衡的核心來源。當組織只強調 KPI,而忽略員工心中對「應得性」的期待,就容易引發一種「選了對的人,卻錯了方法」的局面。

第五節　升遷決策的公平性與內部觀感管理

解決之道，不在於迎合人情，而是在制度與文化之間找到可被理解的橋梁。這意味著：

◈ 升遷制度必須有明文化、流程化的依據；

◈ 評估標準需與平時的職能發展與回饋一致；

◈ 升遷決策前應納入多位評估者的觀察，避免單點決定；

◈ 升遷結果後應適度公開原因與對團隊未來的布局說明。

而作為升遷者本身，你也有責任透過日常作為、回應語言與關係經營，主動修補可能產生的「不公平感」落差。這不是道歉，而是透過溝通重建認知。

升遷透明度：讓信任來自制度，不只是主管個人

一個健康的組織，升遷不是靠主管私下拍板、靠關係穿針引線，而是應有一套能夠讓多數人理解、接受、信任的升遷架構。這包含了：

◈ **職能模型的具體定義**：不同階層該具備什麼能力與行為表現，有明確說明；

◈ **發展歷程的可追蹤性**：從過去專案、歷次績效、行為紀錄，都有脈絡可循；

◈ **升遷提名與審查流程**：非單一上級主導，而是多人觀點整合與提報制度；

第六章　升職的倫理與風險管理

◆ **溝通機制與回饋回應**：未升者能收到具建設性建議，而不是只被告知落選。

如果這樣的機制不存在，即便你表現再好，也容易被質疑是「被看好的人」、「關係好的人」、「運氣好的人」。相反地，如果制度健全，你的升遷即便讓人意外，也會因有過程依據而較易被接受。

這種制度所創造的，是一種集體信任：升遷是公平競爭的場域，而非內線操作的特權分配。

作為升遷者，你更該支持這套系統的建構與落實。因為一個透明的制度，才是真正保障你升得上去、也站得穩住的基礎。

管理觀感，不等於偽裝，而是強化正當性

很多人誤解「觀感管理」是表面功夫、是裝樣子、是行銷手法。其實不然。在升遷情境中，觀感管理的核心意義是：讓別人理解你為何值得這個位子，並願意支持你承擔接下來的角色責任。

這不是做作，而是刻意展現以下幾件事：

◆ 你尊重制度，而非走捷徑；

◆ 你看見團隊，而非只看自己；

◆ 你願意承擔，而非炫耀成就；

◆ 你回應問題，而非規避爭議。

第五節　升遷決策的公平性與內部觀感管理

這些行為，會讓組織中那些本來有疑慮、有比較、有不滿的人，漸漸轉為觀望、理解，甚至認同。觀感管理不求所有人都為你鼓掌，但它能避免有人在心中暗自劃清界線。

更重要的是，它會幫助你建立「信任升遷」的心理印象。當組織越來越多人相信：你不是靠運氣、不是靠關係，而是靠實力與態度上來，那麼你未來推動變革、領導團隊、爭取資源的正當性就會更高。

這正是觀感管理的終極意義：不是做樣子，而是讓你做事不會卡住。

你怎麼升上來，決定你怎麼領導下去

一位真正成熟的升遷者，會不斷問自己一個問題：我升上來的過程，是否會讓未來的部屬想成為我？若你的升遷之路充滿爭議、跳過程序、忽略他人、破壞氛圍，那麼就算你今天升了，明天也會面對信任赤字與合作困難。

相反地，若你在升遷過程中展現格局、堅守原則、保持穩定、回應情緒、尊重他人，你會讓大家在觀察你升職的方式時，對未來的自己也產生期待。

這種正向循環，就是你留在組織裡最長遠的影響力。

第六章 升職的倫理與風險管理

第七章
打造升遷必要職能：
從合作者變成領導者

第七章　打造升遷必要職能：從合作者變成領導者

第一節　領導潛力的評估與展現

升遷不是對現在的獎賞，而是對未來的賭注

許多職場人誤以為，升遷是對你過去表現的獎勵；但實際上，升遷是主管對你「未來角色勝任度」的風險投資。換句話說，升職不是因為你現在做得很好，而是主管相信你有能力處理「還沒發生的事」、管理「尚未出現的挑戰」、引導「更複雜的人與局」。

這種預判並不簡單。畢竟，一個優秀的個人貢獻者，未必能成為一位稱職的領導者。執行力與領導力之間，存在著一條看不見的鴻溝。而「領導潛力」正是衡量這條鴻溝是否有被成功跨越的關鍵。

人力資源發展協會（SHRM）在其領導職能模型中指出，現代企業衡量一位升遷候選人，除了參考績效與技術能力，更看重「可被預測的領導特質」。這包括決策力、人際影響力、組織洞察力、學習動能與變局韌性。

但問題來了：潛力這種看不見、摸不著的東西，該如何展現與證明？

這一節，就是要解答這個核心問題：你如何讓別人看見，你不只是現在可以做事，而是未來能帶人、帶局、帶變化的人。

第一節　領導潛力的評估與展現

領導潛力的五大核心要素

想要有效評估與展現自己的領導潛力，你必須從抽象的特質出發，轉化為具體、可觀察的行為指標。根據麥肯錫顧問公司對全球百大企業領導者的潛力分析，以下五大要素構成了領導潛力的基底：

- **學習敏捷度**：能否快速從新任務中找到學習路徑，並應用於下一次挑戰；
- **影響力**：能否不靠職權，也能整合資源、說服他人、建立共識；
- **系統思維**：是否具備看見全局與流程關聯的能力，不再只是任務導向；
- **心理韌性**：面對不確定、壓力與批評時，是否仍能穩定行動並帶動士氣；
- **角色自覺**：是否已內化「不是為自己，而是為整體負責」的心態。

這些特質與其說是天賦，不如說是意識與行動選擇的總和。你每天說的話、做的事、處理衝突的方式、看待問題的高度，都在默默構築主管對你領導潛力的印象。

第七章　打造升遷必要職能：從合作者變成領導者

潛力不是說出來的，是讓人看得見的

在實際的升遷評估中，沒有人會問你：「你有沒有領導潛力？」但每個主管心裡都會問自己：「如果讓這個人接手，他撐得住嗎？」

所以，潛力的展現，必須是讓人看見你已經開始活出那個角色的樣子。舉例來說：

◆ 當你帶領一個專案時，你是否只關注自己任務，還是會主動協調他人、平衡資源、看見全局？

◆ 當你在會議中發表意見時，是堅持己見還是能針對不同意見整合成共識？

◆ 當團隊出錯時，你是否站出來承擔而非推責，並提出後續修正機制？

這些都是無聲的領導力線索。主管觀察潛力，看的不是你喊不喊口號，而是你面對現實挑戰時是否已經展現領導行為的雛形。

尤其在跨部門合作、突發狀況、團隊衝突等場景中，你的反應與作法，會被放大成「這個人能不能帶人」的心理結論。

展現潛力，不靠表演，而靠角色內化

很多人誤會展現潛力等於表現得「像主管」，於是在會議中刻意搶話、用主管口吻指派他人、或者在回報中裝得「大局思

第一節　領導潛力的評估與展現

維」。這不但無法展現潛力，反而會讓人產生「裝腔作勢」的觀感。

真正有說服力的潛力展現，是一種角色內化後的自然流露。你不是裝主管，而是你已經開始以主管的思維處理問題、安排資源、對人回應。

要做到這一點，你可以從「三個小轉換」開始練習：

從任務導向轉為目標導向

不再只問「這件事做了沒？」，而是問「這件事的目的達到了嗎？還有沒有更有效的做法？」

從個人努力轉為資源整合

不再凡事親力親為，而是開始培養團隊夥伴、善用人力優勢、分工合作。

從情緒反應轉為情境回應

不因為對方語氣差就情緒反彈，而是試圖理解背後情境與需求，並以穩定方式引導回歸問題本質。

當你在日常中練習這三種角色切換，你的行為就會逐漸從「合作者」轉為「領導者」。這種轉換，不需要等你升職之後才開始，而是越早開始，越容易讓人相信你準備好了。

157

第七章　打造升遷必要職能：從合作者變成領導者

領導潛力的「被看見」也需要經營

最後要提醒的是，潛力再強，若沒被看見，也無法成為升遷的依據。你需要有策略地讓潛力被關鍵人物看見，而不是默默在角落等待奇蹟。

這並不是要你自我吹捧，而是要透過以下幾種方式建立起「你是有潛力的人」的可辨識形象：

◆ 在關鍵會議中主動發表系統性建議，展現你對組織運作的理解；

◆ **參與跨部門專案並擔任整合角色**，讓不同部門的人都對你建立影響力印象；

◆ **主動請教主管如何進一步準備領導職責**，表達你不是等升遷，而是願意成長；

◆ 在績效回顧時不只談結果，也談你如何調整心態與帶動他人。

這些做法會讓主管在腦中為你貼上「潛力備案」的標籤，當升遷機會來臨時，你會是那個最自然、最少爭議的選擇。

第二節　跨部門溝通與問題解決力

領導者的高度，決定於你的跨域影響力

在升遷的轉折點上，影響力的邊界往往是決定性關鍵。一位優秀的合作者，能在自己部門中遊刃有餘；而一位具備領導潛力的人，則能在跨部門溝通中同樣展現整合力與協調力。升遷不是你能處理多少工作，而是你能處理多少「人與系統的交界問題」。

在現代組織中，幾乎所有有價值的專案都無法由單一部門完成。從產品開發、客戶經營、數位轉型到策略布局，都是不同功能單位的交織合作。這也意味著，你若無法跨越部門藩籬，就無法真正被視為組織未來的領導角色。

問題是，大多數人即便在自己部門中表現出色，一旦面對其他單位就顯得語言不同、信任稀薄、溝通效率低下。這正是為何，跨部門溝通與問題解決能力，會被視為升遷關卡前的核心考驗之一。

美國管理協會（AMA）在一份針對企業高潛力員工的調查報告中指出：「跨部門整合能力已成為 21 世紀領導職能中最具代表性的關鍵構面。」因此，如果你想讓別人相信你能領導，那麼你首先要能讓不同部門的人願意聽你說話、配合你推動、與你共識行動。

第七章　打造升遷必要職能：從合作者變成領導者

跨部門不是「溝通」，而是「翻譯」

真正困難的跨部門溝通，不是話語不清，而是語言不通。每個部門都有自己一套隱性的語言體系、目標邏輯與流程設計。你若只用自己部門的語言與他人對話，聽在對方耳中，往往變成壓迫、干涉或推責。

因此，有效的跨部門領導，首要任務是當好「語意翻譯者」。你得能把行銷的語言轉譯給工程部理解，把財務的邏輯解釋給客服部接收，把高層的策略願景拆解成執行單位的可行任務。

這需要你具備以下三種翻譯力：

1. 邏輯轉換力

理解每個部門評估事情的邏輯起點。例如，行銷看的是市占與流量，財務看的是 ROI 與預算風險，工程看的是技術可行性與時程壓力。你需要將你的訴求，轉成對方理解的價值框架。

2. 情緒同理力

知道每個部門的壓力點與不安來自哪裡。當客服部抗拒導入新系統，可能是怕接不住顧客抱怨；當技術部拖延測試，可能是擔心 bug 未除被罵。你不能只看現象，要處理的是底層情緒。

3. 共識設計力

不是靠說服對方認同你，而是設計一個「彼此都能接受的合作模型」。這需要你先退一步理解雙方需求，再找出重疊區並創

第二節　跨部門溝通與問題解決力

造共同語言。

你若能做到這三件事，不但跨部門溝通順暢，你的整合力也會被自然而然認定為「領導力的成熟指標」。

問題解決的本質是協同，不是單打獨鬥

一位真正有潛力的領導者，不會把問題當成「自己去解決」的任務，而是當成「怎麼組織不同資源一起解決」的過程。這是從執行者到領導者最關鍵的思維跳躍。

許多人在面對跨部門衝突或合作卡關時，習慣用單點突破的方式處理：要嘛硬拚、要嘛私下協商、要嘛拉主管施壓。但真正能長久有效的方法，是創造一個讓問題能被「共解」的環境。

這意味著：

◈ 你不急著先做決定，而是先釐清不同部門的利益衝突與資源限制；
◈ 你設計一個讓各方能放心表達意見、不擔心被否定的溝通場；
◈ 你能提供一個具體提案框架，而非只是情緒訴求；
◈ 你願意讓利，但不退讓原則，讓合作有彈性也有邊界。

這樣的問題處理方式，讓人信任、也讓人願意跟隨。因為你不是為了解決自己的工作問題，而是為了讓整個系統一起動起來。

第七章　打造升遷必要職能：從合作者變成領導者

而這種「讓系統轉動」的能力，正是升遷人選在被觀察時最被重視的領導行為。

被別人接受，是跨部門成功的關鍵資產

再優秀的建議，若對方不願接受，都只是紙上談兵。跨部門成功的核心，不在於你有多對，而在於你是否是對方願意合作的人。

這就涉及一個關鍵概念：職場影響力不是來自頭銜，而來自「可合作感」。當你讓人感覺：

◆ 跟你合作會被理解；
◆ 你會保護合作方的利益；
◆ 你不輕易背棄承諾；
◆ 你懂得共享成果而非搶功；

那麼，你就會成為跨部門中最受信任、最具整合力的角色。

你想被選為升遷對象，最簡單的方式就是讓別人對主管說：「跟他合作最舒服，他會帶著大家往前。」

這句話的背後，不是你能幹，而是你讓人願意靠近。這樣的你，不管在什麼位置，都會被視為核心人才。

第三節　任務分派與人員帶領技巧

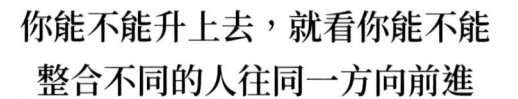

你能不能升上去，就看你能不能整合不同的人往同一方向前進

升遷最終考的不是技巧，而是能不能「帶著不一樣的人，往一樣的方向前進」。你是否能讓工程理解業務的急迫？讓客服認同產品更新？讓財務支持你增加預算？這些跨部門對話與合作，才是組織是否能信任你的一場真實演練。

記住，領導的本質不是指揮，而是整合；不是證明你比別人強，而是證明你能讓所有人更好地前進。

第三節　任務分派與人員帶領技巧

當主管之後，你不再是把事情做完的人

升遷到管理職位後，許多人第一個犯的錯，就是繼續當「最強執行者」——什麼事都自己來，事情沒人做就先撿起來做、進度落後就加班硬扛，彷彿升遷只是換了位子，沒有換腦袋。

然而，真正的領導者，不是自己把事情做完，而是把正確的任務交給正確的人，並帶領整個系統穩定地運作。你不能什麼都做，但你必須知道誰該做什麼、怎麼做、做到什麼程度。這正是「任務分派」的核心。

第七章　打造升遷必要職能：從合作者變成領導者

根據蓋洛普（Gallup）對全球高績效主管的研究，最成功的管理者與一般主管最大的差別，在於他們「花更多時間分配工作，但更少時間處理瑣事」。這看似簡單，實則高度技術性——把任務分對人、說對話、定對節奏、抓對界線，是你帶人前最該練好的基本功。

因此，這一節的重點是：當你從合作者變成領導者，你該如何將任務有效分派，並以激勵性又不失控的方式帶領不同個性與能力的人前進？

任務分派不是指令，而是一種溝通設計

最常見的誤會是，把任務分派當成「下命令」：一紙工作清單、一通指示電話、一場快速交辦會議，就以為任務交代完成了。事實上，真正有效的任務分派，從來不是命令式輸出，而是基於人與任務之間契合度的溝通設計。

這裡有幾個關鍵原則：

▪ 人選評估優先於任務安排

不是任務來了才開始想派給誰，而是平常就應該知道團隊裡每個人擅長什麼、能承接到什麼程度、目前負荷到哪裡。這樣才能任務一來，就快速對接最適人選。

▪ 明確說明任務目標與關鍵成果

不只說「你去做 A」，而是說「我們這次的目標是 X，你的

第三節　任務分派與人員帶領技巧

部分負責 Y，成果會被用來做 Z，時限是 T，遇到問題我能提供 R」。這樣的說明，讓部屬清楚自己的責任邊界與成就感來源。

▚ 用問題語言而非命令語言引導參與

與其說「你這週負責整理報表」，不如說「你覺得這週的報表要怎麼呈現比較適合這次主管簡報？」讓部屬參與設計任務的過程，他會更有主動感與責任意識。

▚ 設下回報節點與調整窗口

明確設定中途的回報時間點，讓你可以適時修正方向，也讓部屬知道你不是丟包任務，而是一起把事做成。

這樣的任務分派方式，不只是分工，更是領導力的展現。你不是把工作推給別人，而是透過設計與引導，讓每一位夥伴都能在任務中成長、貢獻、完成角色轉換。

用帶人而不是用人：從行為教練到信任設計

當你開始分派任務時，你也同時進入了「帶人」的角色。這和以往只是同事的合作不同，你現在是要讓對方在你引導下持續進步的人際關係設計者。

所謂「帶人」，包含兩個層次：

第一層是「行為教練」：針對部屬的工作方法、思考架構、問題處理流程提供具體回饋與建議。你不是代替他做，而是幫他優化他的做法。

165

第二層是「信任設計」：你如何讓他覺得你信任他、你對他有期待、你是可以求助的對象。這不靠口頭表態，而靠你給予的空間、回應方式與尊重程度。

舉例來說，一位新進夥伴執行一個簡單企劃，錯了三次。你不是批評，而是帶著他一起回看錯在哪裡、為什麼會那樣判斷、下次怎麼避開、你會提供什麼資源幫助他調整。這樣他會覺得：「主管雖然嚴格，但是在幫我成長。」

這樣的帶人過程，會讓團隊逐漸建立「在這個主管底下可以學到東西」的正向循環。當部屬願意跟你走、相信你帶得動、做得穩，你的團隊自然會形成穩定且具備行動力的結構。

不同性格、能力與狀態的人，要用不同方式帶領

領導者最困難的，不是發號施令，而是如何因人而異地調整帶領節奏與方法。你不能用一種方式帶所有人，否則你不是領導，而是壓制。

這裡提供一個實用框架 —— 能力 × 意願矩陣：

	高能力	低能力
高意願	放手信任 + 激勵	教練式引導
低意願	激勵 + 對齊價值	密切輔導 + 尋求根因

◆ **高能力高意願者**：給予挑戰性任務與高度信任，並讓其參與策略規劃，強化成就動能；

第三節　任務分派與人員帶領技巧

- **高能力低意願者**：進行動機回溯與價值重新連結，避免「工作冷漠化」；
- **低能力高意願者**：用教練方式幫他成長，安排任務難度適中，快速累積成功經驗；
- **低能力低意願者**：與其硬逼，不如先了解原因，可能是角色錯位、外部困擾或心理疲乏。

當你能用這樣的系統性方式理解部屬，你會少很多誤判與情緒誤傷，也能逐步建構一個真正多元穩定的團隊。

升遷者的任務，不是多會做事，而是讓別人做得更好

最後要提醒的是：升遷者的核心任務，是讓別人也能做得更好，而不只是證明自己有多厲害。你若升上主管後，還在以「我做得比你快」自豪，那你永遠只能做事多，不會真正做大。

真正的升遷者，在乎的是：

- 團隊成員的能力是否穩定成長；
- 任務能否漸進自動化與可複製；
- 團隊是否能在他不在時依然正常運轉；
- 成員是否因他的帶領而願意留下、追隨與發展。

當你開始以這種角度定義自己帶人的成果，你才真正完成了「從合作者變成領導者」的角色蛻變。

第七章　打造升遷必要職能：從合作者變成領導者

第四節　危機處理與資源調度能力

危機之中，才能看出誰是真正的領導者

在平順的時候，管理與領導的界線可能模糊；但在危機來臨的瞬間，那條界線會變得無比清楚。領導者之所以被選出，不是因為他在順風時有多強，而是他在逆境中能不能讓人安心、讓局穩定、讓團隊繼續前行。

升遷的關鍵能力之一，正是「危機處理力」。這不只是面對災難時的應對，而是當系統出現不確定性、資源受限、目標受阻時，你能否快速判斷情勢、調整策略、穩定人心、重組動能。

哈佛大學的領導學者羅納德・海菲茲（Ronald Heifetz）在其著作《調適性領導》（*Leadership Without Easy Answers*）提出：「真正的領導者，是在混亂中維持希望，在缺乏中創造秩序的人。」這樣的能力，不靠一紙職稱或頭銜，而是平時積累的系統理解力與資源調動力。

因此，升遷者要證明的不只是能力，更是當問題來臨時，我能被信任處理掉，而不是拖垮整個局。

危機處理的第一步：清楚辨識問題類型與應對層次

大多數人在危機來臨時慌了手腳，是因為未能正確分類問題。你若把結構性問題當成偶發事件處理，會陷入頭痛醫頭的

第四節　危機處理與資源調度能力

無效循環；你若把情緒風暴當成邏輯故障解決，則會壓錯力道反遭反彈。

有效的領導者，會在第一時間做出「三層判斷」：

◆ **事件層級 vs. 系統層級**：這是一次性事故還是潛藏在流程中的結構問題？

◆ **技術性 vs. 適應性問題**：是可以靠規則處理的問題，還是需要改變人們行為與觀念的問題？

◆ **資源不足 vs. 資源分配錯誤**：真的是沒資源，還是資源用錯了位置？

舉例來說，一個客訴風暴若只看表面是客服疏忽，但若從系統角度來看，可能是整體交付標準模糊或行銷過度承諾；一個專案延遲可能表面是某人進度落後，實際上是跨部門溝通合作流程長期沒優化。

升遷者之所以被期待，是因為你能在這些錯綜複雜的變動中快速看清問題本質，不推諉、不抱怨、不倉皇失措，而是主動切入、分析、提案、調整與重建。

這是危機處理力的第一步：辨識清楚，才能動得正確。

危機中的資源調度：有限條件下的最大配置智慧

當組織面臨危機，資源一定緊張——人力不足、時間緊迫、預算吃緊、合作不順。這時候的你，不能只看著表單說「不

第七章　打造升遷必要職能：從合作者變成領導者

夠」，而是必須扛起資源再分配的角色。

所謂「資源調度力」，指的是在壓力之下，你能不能做到以下幾件事：

◆ **重新劃分優先順序**：能快速讓大家知道哪件事先做、哪件事可以放、哪件事改期也不影響策略。

◆ **人力彈性配置**：發現誰還有容量，誰能短期支援；甚至是誰可以輪替休息避免爆炸。

◆ **重新建構合作流程**：透過更快速的回報節點、簡化的決策流程或工具導入，減少合作摩擦。

◆ **臨時整併或重組專案隊伍**：能辨識關鍵任務並迅速組出「特戰隊」來處理緊急重點。

這一切的關鍵，不是「我會做多少」，而是「我能不能讓整個團隊的能量重新流動起來」──你成為資源動能的再分配者，並在有限條件下創造最大成果。

這是你從「個人績效」邁向「組織績效影響力」的轉捩點。

危機來臨時的帶領風格，決定你能不能被信任

當危機出現，部屬最先觀察的，不是你說了什麼，而是你有沒有亂。你的穩定感，就是團隊的信心來源。你若慌亂、急躁、責怪別人，整個團隊就會陷入互推責任、失去主軸；你若冷靜、果斷、帶著方案出現，團隊就會在風暴中抓到重心。

第四節　危機處理與資源調度能力

以下是高潛力領導者在危機中展現出來的帶領風格特質：

- **先處理情緒，再處理事務**：知道大家會慌，會怕，會疑惑，先讓人情緒有出口，再進入任務討論；
- **說清楚「我們現在該做什麼」**：不說空話，不繞圈，聚焦當下能做的三件事；
- **為別人爭取空間，為自己扛下責任**：你不是只想自保，而是願意讓部屬有修正與錯誤空間；
- **不只關注任務進度，更關注團隊狀態**：你知道人沒崩潰，比事情做完更重要。

這些行為，會讓別人從內心相信：「這個人值得我追隨。」也讓主管與高層覺得：「這個人靠得住。」

這種信任，就是你升遷價值的具象化。

危機不是你職涯的風險，而是你實力的展示場

最終要提醒的是，危機不是避之唯恐不及的地雷，而是最能展現你職場價值與領導氣質的場域。許多主管觀察升遷人選，不在順境時看你多能幹，而是逆境中看你多穩定。

這裡的穩定，不是死撐，而是：

- 看懂局勢；
- 拿出辦法；

第七章 打造升遷必要職能：從合作者變成領導者

- 整合團隊；
- 把事做完；
- 把人帶好；
- 並且在整件事過後，讓系統變得比之前更好。

這樣的你，不只是危機處理者，而是組織的真正中樞人物。你升職，不只是因為解決一場危機，而是因為你成為讓組織面對危機也能進步的人。

第五節　帶人帶心：從夥伴變上司的心理轉換

升遷不是職稱改變，而是關係的重新定義

當你從一位團隊成員被拔擢成主管，最明顯的改變不是工資條件，也不是辦公桌的大小，而是你與其他人的心理關係已經不同。昨天你還是他們的並肩作戰夥伴，今天你成為了負責考核、決策、分派任務的上司。這樣的轉換，若處理不好，容易陷入兩種極端：要嘛繼續當好人、不敢下指令；要嘛急於證明自己、結果變成壓迫式管理。

這就是所謂的「角色轉換心理斷層」。根據《哈佛商業評論》一項針對中階主管的研究指出，有七成的新任主管在上任前三個月內，最常感受到的壓力來源，不是工作量增加，而是「如何

第五節　帶人帶心：從夥伴變上司的心理轉換

從過去的關係中脫身又不失人情」。

事實是，人際位置的轉變，不可能完全無痛，也不應該用逃避的方式處理。你需要勇敢也溫柔地完成這個角色更新：從「跟你合作很愉快」的對等關係，走向「我信任你能帶我往前走」的心理授權。

而這樣的轉換，正是本節要說明的關鍵技術。

不再是「好同事」，而是「可信賴的上司」

首先，你得接受一個事實：你無法也不應再是原來的樣子。你過去可以一起抱怨制度、一起對上不滿、一起說「我們都一樣」，但現在，你必須開始成為那個站在不同視角看待組織與資源分配的人。

這並不代表你要變得疏離、冷漠、無情，而是你要開始經營一種新的心理角色 —— 讓人知道你雖然不再是同伴，但你是會照顧他們利益、能做出合理決定、值得信任的人。

在這個過渡期，有幾個常見的錯誤心態要避免：

◈ **想當「人人喜歡的主管」**：過度保留舊有關係，導致不敢下判斷、不敢管人、任務無法有效推動。

◈ **急於樹立威信，硬轉風格**：刻意疏遠過去同事，導致部屬感到陌生、受傷甚至反感。

第七章　打造升遷必要職能：從合作者變成領導者

◆ **矛盾心態，時而領導、時而逃避**：今天要大家聽你指揮，明天又說「我也只是被交代」，讓團隊失去依靠感。

正確的轉換，是坦然接受你已經有了不同責任，並用可預測、可信任的風格穩定地建立新的上下關係，而不是在人設之間搖擺不定。

用心理界線，重新畫出關係距離

所謂「心理界線」，不是拉開距離，而是讓對方清楚知道：你是主管，但不是特權階層；你有期待，但不會無理取鬧；你有責任，但不會獨裁專斷。

這種界線的設定，其實就是一種情緒範圍的重建。你可以這樣開始：

1. 在公開場合清楚說明角色變動

不裝沒事，而是誠實告訴大家：「我知道我們的關係變了，我也會努力讓這個變化讓大家都能適應與接受。」

2. 讓部屬知道你仍重視過去關係，但不會影響判斷

例如在績效考核時明確表示標準與原則，讓人知道你不是偏心，也不是報復。

3. 善用「角色語言」而非「情緒語言」來互動

用「我們團隊需要……」而非「我覺得你應該……」讓人知道你是在就事論事，不是針對個人。

4. 用行為證明你是可以合作也可以依賴的主管

例如主動分攤高風險工作、幫部屬爭取資源、在公開場合為團隊背書。

這樣的界線建立，不但讓過去的夥伴可以接受你新的身分，也讓你自己能夠自在地站在主管的位置上做出選擇。

帶人，也要帶心：從「做事」管理轉向「情緒」領導

一位真正成熟的領導者，早已知道：團隊表現的高低，不只是取決於能力與制度，而是來自一種「心理契約」是否存在——也就是你是否讓人相信：你不會放棄他，你能理解他，他會被你照顧。

這種帶心的能力，並不靠會說話，而是靠以下三件事：

- **情緒溫度感知**：你是否能在團隊氣氛低迷時第一個察覺？你能分辨誰在沉默是因為壓力，誰在發脾氣其實是焦慮？
- **心理安全感營造**：你是否能讓大家在你面前提出疑問、挑戰方案、承認失敗，而不怕被否定或懲罰？
- **價值連結建立**：你是否讓每一位團隊成員都知道自己貢獻的是什麼？是否讓他們在工作中感受到意義與參與？

第七章 打造升遷必要職能：從合作者變成領導者

這些看似抽象，其實都能轉化為日常行為：會議開場先問今天感覺如何、專案結束後不只討論結果也反思過程、平時私下多關心成員近況與壓力源。

當你能這樣「帶心」，你不只是一位執行者與任務控制者，而是讓團隊願意跟你走更遠、扛更多的真正領導者。

角色轉換，是自我再定義的開始

升遷不只是外界對你的肯定，也是你對自己的重新定義。當你從夥伴變成上司，你也必須重新問自己幾個問題：

- ◈ 我對「領導」的想像是什麼？
- ◈ 我希望團隊在我帶領下變成什麼模樣？
- ◈ 我想要留給他人的印象是什麼風格？
- ◈ 我能不能承擔決定，並且為之負責？

這些問題的答案，會成為你帶領風格的底色。若你只模仿前任主管、或照著某些書上管理理論行事，而沒有回到自己的本質，那麼這個轉換會一直卡住。

但若你能以誠實與覺察的方式，慢慢長出屬於你自己的領導樣子，那麼這場轉換就不只是升職，而是你的心理升級。

第八章
升職後不翻車:
新主管 90 天挑戰

第八章　升職後不翻車：新主管 90 天挑戰

第一節　領導第一印象如何建立？

第一印象不是表面印象，而是角色信任的起點

升遷之後的前九十天，幾乎決定了你這一個職位的長期走勢。在這段關鍵時期內，你不但要與新團隊互動，更重要的是，你正在被所有人「解讀」。他們觀察你說話的語氣、處理事情的節奏、對待人的方式，甚至連你走路的步伐與回信的速度，都可能成為判斷你是怎樣一個主管的線索。

心理學家威廉・詹姆斯（William James）曾指出：「人會在數秒之內，對他人做出潛意識的價值評估，並長時間維持這一印象。」這在職場中尤其明顯。升職者若未意識到第一印象的建構邏輯，便可能錯過建立信任與權威的黃金時機。

升遷的你，若沒有主動管理第一印象，別人就會用過去的印象來框你；如果你以前是好好先生、幕後英雄、無害夥伴，那麼他們會懷疑你是否有帶領能力。相反的，若你急於建立威嚴，過度強勢，也可能讓人產生防禦與疏離。

所以，領導的第一印象不是包裝，而是策略性地讓人快速理解你是個怎樣可以信賴的人。這不是演戲，而是提前設計好，你要如何被他人看到。

第一節　領導第一印象如何建立？

三個心理關鍵字：穩定、清晰、可預測

在帶領新團隊的初期，最重要的不是立即做出改革或下馬威，而是先讓團隊感受到「這個主管是可以一起共事的」。

根據麻省理工學院史隆管理學院的研究，團隊成員在遇到新主管時，會在短時間內形成三個基本判斷：

■ 你穩不穩？

表現出來的情緒是否平穩？決策是否帶有慌亂與急躁？是否常改變主意？若你的表現忽冷忽熱、情緒波動大，團隊會本能性地對你保持距離。

■ 你講得清楚嗎？

你如何說明目標、任務與決策？語言是否邏輯清晰、有章法？是否讓人知道你有方向而不是憑感覺做事？

■ 你可不可以預測？

你的行為是否有規則可循？是否說到做到？是否有既定節奏？若一週說一套、下週又換另一套，團隊會選擇觀望而非跟隨。

這三個心理感受，就構成了你作為新主管第一印象的基底。如果你在初期便建立出「這個人穩、講得清楚、有節奏」，那麼即使你尚未展現強大能力，團隊也會先選擇給你空間與信任。

第八章　升職後不翻車：新主管 90 天挑戰

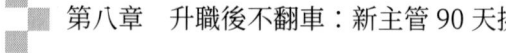

不做過度承諾，但主動釐清邊界

新主管最常犯的錯誤之一，就是為了贏得團隊好感而過度承諾。例如：

- 一上任就說「我不會改變太多制度」；
- 或者「你們有問題我都會幫你解決」；
- 甚至是「我跟大家是朋友，大家有話直說」。

這些話雖然聽起來親切，但實際上極為危險。因為你根本還不了解整個團隊的問題深度、制度的背景，以及人際的潛流。過度承諾只會讓人未來抓著你的話反咬一口，或讓你掉進「明明做不到卻不能不做」的情緒困境。

與其急著討好，新主管應該學會「釐清邊界」：你可以這樣說——

- 「我會在前三週理解團隊現狀，不急著做大改動」；
- 「我能協助解決的問題，我會盡力處理，但也希望團隊一起思考解法」；
- 「我很重視大家的意見，但最後的決定會以整體目標為依歸」。

這種說法，不只讓人知道你不是空口說白話，也讓他們理解：你有底線、有判斷、有原則。這會使你的第一印象更像是「有肩膀」的主管，而不是只會陪笑的朋友。

第一節　領導第一印象如何建立？

預備好三個儀式動作：建立心理錨點

一位新任主管，應該主動設計出三種具象化的「儀式性動作」，用來快速建立角色印象與團隊信任。以下是實務上最有效的三類：

■ 團隊啟動會議

上任後的第一週內主動召開全體會議，清楚說明你的觀察期計畫、風格特性、溝通模式與期待的合作方式。這讓人知道你有節奏、有安排、有設計。

■ 一對一拜訪或訪談

在前一個月內與所有關鍵成員單獨聊聊，不是為了檢討，而是為了傾聽與理解。這不只是了解部屬，也讓人覺得你重視他，不只是看數字。

■ 早期小勝仗的帶領

在三週內挑選一個具代表性的任務親自帶領或協助推動，展現你的行動風格與問題解決邏輯。這是一種「說我能帶隊」的證明，而不是等大家來配合你。

這些動作一方面建立權威，一方面建立溫度，也讓團隊成員能在短時間內形成清晰的心理映象：「你不是摸不著邊的領導者，而是會帶著人、說到做到、理解大家的人。」

第八章　升職後不翻車：新主管 90 天挑戰

你是怎樣的第一印象，決定了未來他人怎麼聽你說話

最後，你要明白一個關鍵現實：第一印象將決定日後所有訊息被接收的方式。

如果你第一印象讓人覺得你冷漠、不穩、推責，那麼即使你日後再怎麼講道理、再有策略，他們也只會半信半疑；相反地，若第一印象就讓人感受到你穩定、可親、有邏輯，他們之後即使對你有意見，也會願意「再聽聽看你怎麼說」。

這種影響力，是非語言、非明說、卻深植人心的潛移默化。作為升遷後的新主管，你不能讓這段「蜜月期」白白浪費，而要善用它，讓自己以最自然、最清楚、也最能產生信任的方式進場。

因為你不是來接位置的，你是來建立信任的。

第二節　團隊成員信任感的快速建立法

信任不是自動給予，而是你行為的累積成果

當你一升上主管，最常聽到的建議就是「要贏得團隊的信任」。但真正的難題不是「要不要贏得」，而是該怎麼在短時間內建立、且建立的是有效而持久的信任關係。信任不是頭銜賦

第二節　團隊成員信任感的快速建立法

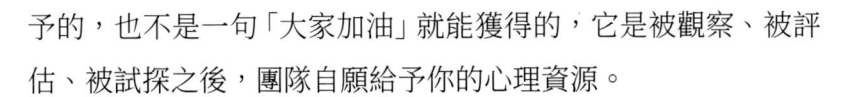

予的,也不是一句「大家加油」就能獲得的,它是被觀察、被評估、被試探之後,團隊自願給予你的心理資源。

根據心理學家保羅・札克（Paul Zak）針對企業高效團隊的研究指出,高信任團隊的生產力比一般團隊高出 50%,情緒參與度高出 76%,離職率則降低 40% 以上。也就是說,信任不只是溫暖氣氛的副產品,而是績效與穩定的底層引擎。

身為一位剛升遷的新主管,你沒有時間慢慢累積十年感情,你必須學會如何在前三十天內,用正確的動作、語言與決策風格,快速奠定讓人願意追隨的信任基礎。這不是急功近利,而是策略性地運用心理規律,幫助自己在團隊中站穩腳步。

團隊對你的信任從哪裡來？三種關鍵來源

建立信任前,你必須先明白:人對一位新上司的信任感,往往來自三個方向,這三者若能齊發,將大大加速你在團隊中的心理落地速度:

◆ **專業可信**:你是不是知道自己在做什麼？你能不能處理事情、做出合理決策？在初期的任務推進與溝通中,部屬會觀察你的專業程度來決定是否要聽你的。

◆ **關係連結**:你是否願意與人互動？你是不是只講制度,還是會聽人說話？是否記得部屬的名字、在乎他們的壓力與需求？這種連結感會讓人覺得你不是高高在上的管理機器。

第八章　升職後不翻車：新主管 90 天挑戰

◆ **一貫性與誠實感**：你說的話是不是說到做到？你對 A 這樣，對 B 卻另有一套嗎？當你犯錯時，能不能承認而非推卸？這種一致性與真誠感，是最能讓人長久依賴你的特質。

如果你只靠第一點，那你可能讓人敬而遠之；如果你只有第二點，你可能變成「好好先生」卻無領導力；若只有第三點，人會欣賞你的人品，但不一定信任你的決策。唯有三者並行，信任才會深根且能轉化為領導影響力。

初期信任的建構，不靠說服，而靠參與與傾聽

升職初期最容易出現的錯誤，就是主管急於證明自己很能幹、很有想法、很有主張，於是話說太多、節奏拉太快、指令下太急。這會讓部屬感受到的是「你來是為了改革，不是為了理解」。

其實，早期信任建立最有效的策略不是說服，而是邀請參與。讓人感受到你願意聽、你在意他們怎麼想、他們對你不是被管，而是共同塑造未來的一部分。

這可以透過幾個設計方式達成：

◆ **啟動「第一週聽力計畫」**：主動安排一對一談話，了解每位核心成員的職責、挑戰、期待與對團隊現狀的看法，並記下重點，不立即評論。

第二節　團隊成員信任感的快速建立法

◆ **設計「參與式決策場域」**：例如部門會議中，針對一些非核心策略事項，開放成員投票或共識決選方案，讓他們知道你的領導不是「命令型」，而是「整合型」。

◆ **表達感謝與回饋**：對於成員提供的資訊或意見，即使未採納，也應清楚表達「你讓我更了解某個面向，這很重要」。

這些細微互動，都會在無形中建立起你是一位願意「和人一起工作」的領導者印象，這種感覺會使信任自然發芽。

信任不能靠演，而要靠「不完美的真實」

有些新主管會過度包裝自己：總是穿得體面、說話完美、展現無懈可擊的自信與掌控感。但過度包裝會讓人覺得你不是在領導，而是在演出。

心理學家艾美・柯蒂（Amy Cuddy）曾在《姿勢決定你是誰》（*Presence*）中提出「暖度先於能力」的信任模型，說明人們在決定是否信任一個人時，首先看的是「他對我是否友善」，其次才是「他是否有能力」。

所以，比起展現無敵姿態，你更該學會的是展現「不完美的真實」：你可以承認你剛接手某些東西還不熟悉，也可以請教團隊某些歷史流程的來龍去脈，甚至面對你不理解的情境說出：「我需要多一點時間了解，但我會努力把它處理好。」

這種態度不會讓人看不起你，反而會讓人覺得你是一個可以

第八章　升職後不翻車：新主管 90 天挑戰

一起成長、願意學習、真心帶人的主管。信任的基礎，是讓人看見「你也在努力變得更好」。

領導者是信任的管理人，而不是一次取得的擁有者

最後要強調的是，信任不是一次建構後就永久存在的，它像帳戶，需要你持續存入，也可能因為一次失誤而被大量提領。作為主管，你每天的言行、決策、回應，都在消耗或儲備這份信任資產。

這裡有三個維持與深化信任的策略：

- **定期回顧與共識檢查**：每個月至少與關鍵團隊成員聊一次，確認目前的工作進度是否順利、是否有期待落差、是否有你忽略的事情。

- **透明與一致的決策流程**：當你需要做出不受歡迎的決策時，解釋背後邏輯、權衡因素，讓人知道你是「為整體」，不是「為自己」。

- **遇到錯誤，主動認責並修正**：若真的有失誤，不找藉口，不轉移，而是立即說明處理方式與未來改進機制，這樣會讓團隊覺得：「這個人值得我們繼續相信」。

當你能把信任當作一項「關係經營」而非「個人魅力」的事務來處理，你就會成為一位能讓人放心，也願意交付責任的真正領導者。

第三節　避免「微領導」與「偽領導」陷阱

升職的第一個陷阱，
是錯把「做很多」當作「領導很多」

升職後的新主管，最常陷入的一個迷思，就是以為只要每天盯進度、簽文件、回訊息、幫忙解任務，就等於「有領導」。這種表面上極為投入、實際上高度勞累的狀態，其實不是領導，而是「微領導」(micromanagement)。

另一種情況則相反：一些新主管因為不想得罪人、怕干擾團隊或覺得「不要當壞人比較安全」，乾脆什麼都不說、什麼都不碰，只在需要開會時出現、平時保持距離，表面是尊重，實際上卻成為了「偽領導」(false leadership)。

兩者看似對立，其實都來自同一種焦慮：升遷後我該怎麼樣才算是一個「被接受的主管」？

答案其實很簡單：不是你做了多少事，而是你有沒有建立起一種有效且清楚的影響力結構。領導者不等於事必躬親，也不等於放手不管。它是一種讓團隊有方向、有節奏、有界線的系統性帶領。

這一節，就是要讓你避開「看起來很忙但沒人服你」的微領導陷阱，也避開「表面和善但毫無存在感」的偽領導陷阱。

第八章　升職後不翻車：新主管 90 天挑戰

微領導：把效率變成控制，把合作變成窒息

微領導最常見的型態，是主管對每一件事情都要過問、對每一份報告都要改寫、對每一個細節都要介入。你可能會說：「我是為了確保品質、避免出錯。」但實際上，你正在不自覺地剝奪團隊的責任感與能動性。

微領導的核心問題不在於「太勤勞」，而在於：

- 團隊無法發揮主動判斷能力，只會等待指令；
- 成員對錯誤極度恐懼，導致創新與風險承擔意願低；
- 主管自己過勞，同時對他人不信任，造成雙重消耗。

根據《哈佛商業評論》的一份調查顯示，若主管過度介入員工日常工作，員工的滿意度會下降三成，創造力下降五成，並更傾向於轉職或冷漠。

要擺脫微領導，你需要做到三件事：

- 設定「任務範圍」與「決策邊界」：哪些事你只負責定方向，哪些事是他們可以自主判斷的。
- 將「問狀況」變成「問策略」：不是問進度如何，而是問你目前遇到的挑戰是什麼？你打算怎麼處理？我能提供什麼支援？
- 允許錯誤但要求學習：不是一出錯就責怪，而是要求提出學習與優化方案，讓錯誤成為成長而非懲罰。

第三節　避免「微領導」與「偽領導」陷阱

真正高效的主管,不是樣樣都看過,而是能放心讓別人做,且能在關鍵時刻給出準確指導的人。

偽領導:你覺得不干擾是尊重,團隊覺得你只是「缺席」

與微領導相反的,是偽領導。表面看起來給予自由、充分授權、尊重專業,但實際上是:不設定方向、不解釋決策、不給回饋、不提供資源,也不為團隊說話。

這種領導方式最常出現在剛升職時,主管還不確定自己的角色界線,於是選擇「先不要干涉」或「我等你們來找我」。但這會讓團隊覺得:

◆ 你沒有想法、不負責任;
◆ 你對結果無感、只想撐過任期;
◆ 你不夠關心、也無意溝通。

久而久之,部屬不會覺得你仁慈,而會覺得你沒用;高層也會發現你無存在感,決策不依你、資源不給你、機會不找你。

若你發現自己有以下傾向,可能已經在偽領導的邊緣:

◆ 不太跟部屬主動談任務進度與表現;
◆ 面對衝突總是說「你們自己協調就好」;
◆ 很少清楚說出你的價值觀與目標期望;

第八章　升職後不翻車：新主管 90 天挑戰

- 不在會議中主導，也不對外爭取團隊權益。

對策是：重新讓你的角色「被感知」、價值「被辨識」。你需要說清楚你相信什麼、你怎麼看待團隊、你對每個人的角色有何期待，並且在實際任務中給出具體引導。

領導不能只是氣氛與語氣，而必須是一種可被體驗的存在感。

建立「介入與放手的節奏感」：中介領導力的修煉

要避開微領導與偽領導，你需要的是一種「中介領導力」——知道什麼時候介入、什麼時候放手；在哪裡提出觀點、在哪裡保持觀察；在誰身上給支持、在誰身上給挑戰。

這種節奏不是靠經驗慢慢摸索，而是可以有策略地設計：

- **初期高介入、高透明**：當任務剛啟動或新目標剛導入時，你需要更積極掌握方向、釐清邊界，讓團隊安心且有依據。
- **中期逐步放手，但建立回報節點**：讓團隊自己跑，但設定週期性 Check-in，不只是問進度，而是提供策略交流場域。
- **後期針對高績效者給空間、針對困難點給介入**：不是一視同仁，而是根據每人狀況調整干預密度。

這樣的領導方式，會讓團隊覺得你既有方向感、也有信任感；既不是老是插手，也不會突然消失，這會形成一種「平衡而安心」的心理結構。

這種節奏感，就是成熟主管的辨識關鍵。

領導不是表現,而是一種心理「場」的建構者

最後要提醒的是,真正的領導不是你做多少,而是你營造出一個什麼樣的心理場。這個心理場會影響每一個人是否願意多走一步、多想一層、多挑一點責任、多撐一段時間。

這種場的建構,靠的是你:

- ◈ 設定明確但不死板的目標;
- ◈ 留下可以容錯但不能模糊的標準;
- ◈ 表達原則但不壓迫表現;
- ◈ 願意承擔也願意讓人超越;
- ◈ 穩定你的出現頻率、語言風格與行為方式。

當你的行為讓人可以預測、可以理解、可以依靠,你就不會掉進微領導或偽領導的陷阱。因為此時你已經是一位存在於團隊認知之中、有方向也有溫度的真正領導者。

第四節　提升影響力的溝通策略

升職後,說話方式決定你的影響力半徑

剛升上主管的你,手上多了一些決策權,也開始參與更多會議與部門對話,但如果你的溝通方式還停留在過去「技術分

第八章　升職後不翻車：新主管 90 天挑戰

享」或「任務回報」的模式，就無法真正建立影響力。

職場上，影響力不只是你說的內容，而是你說的方式能否讓人接受、理解、記得並採取行動。這意味著，升遷後的你，必須學會從「報告式溝通」走向「引導式溝通」，讓你不只是在傳遞資訊，而是在創造行動的能量。

根據國際組織心理學會的研究指出，高績效主管在溝通時平均使用「策略性語言」的比例是一般主管的三倍，這種語言具備三個特質：定調、對齊、推動。也就是說，好的溝通會幫助團隊理解你在看什麼、要往哪裡、怎麼一起走。

這一節，就是要幫你升級你的語言武器庫，讓你的影響力從語氣與措辭開始，從而帶動整體團隊的行動共識與信任能量。

從「任務說明」走向「意圖說明」：讓人理解你為什麼這樣決定

傳統溝通模式多半是任務導向：「你去做這件事，期限是什麼，成果是什麼。」但真正有影響力的主管，會在下任務之前，先解釋「為什麼這件事重要」、「這件事跟整體策略有什麼關聯」。

這種溝通方式，會讓部屬感受到：

◆ 他不是被指派，而是被信任參與；

◆ 你是有脈絡的領導，不是憑感覺操作；

◆ 他完成任務時不只是執行，而是在實現一個更大的方向。

第四節 提升影響力的溝通策略

舉例來說：

傳統說法是：「這週你幫我整理一下競品資料，週五前交。」

升級說法是：「我們這次準備跟業務部討論新的產品策略，你能幫我先整理一下競品最近的動向與溝通話術嗎？這會幫我們在提案時更有底氣。」

光是這個說法的不同，對方的參與感與責任感就會產生巨大的差距。而你在對話中的「說話立場」，也從下指令者轉換為「共同思考者」。

這就是領導語言的威力：你不只是說明任務，而是創造動機與認同。

使用「結構化說話法」，讓你說得清楚又有格局

影響力不只來自說得感性，更來自說得有邏輯。職場中最常見的溝通挫敗，就是你講了一大段，對方卻聽不出重點；你很有熱情，但上層覺得你沒重點；你覺得自己解釋得很清楚，但團隊根本不知道怎麼執行。

為了解決這個問題，你需要使用「結構化說話法」來讓你的語言變得清晰、有效、有力量。

這裡提供一個實用模型：「SCP 框架」：

◆ **Situation（情境）**：說明現在發生了什麼事情，為什麼需要關注。

- **Complication**（衝突）：指出背後的問題、風險、限制或挑戰。
- **Proposition**（提案）：說明你的見解、判斷、解決方式或行動方向。

例如：

「這週的銷售比預期低 10%（情境），主要原因是我們的新客流量沒有導入成功，廣告活動點擊率偏低（衝突），我建議我們可以針對前端引流文案做 A/B 測試，並同步請客服部提供初步回饋，這樣下週能重新修正切角（提案）。」

這樣的說法，既展現了邏輯清晰，也讓聽者容易理解、採納、回應，大幅提升你在溝通中的決策說服力與領導信任感。

調整語氣，不等於失去立場，而是強化心理接收

語氣的柔軟與堅定之間，往往是一位主管是否能帶出團隊、也不被反感的界線。很多人升職後語氣突然變得僵硬，是怕沒威信；有些人語氣過度和善，是怕被說太強勢。

其實，真正的溝通影響力，不在於你講得多硬或多軟，而在於你能否「對應聽者的心理狀態」調整說話節奏與語態。

舉個例子：

- 面對新進成員，語氣要帶著引導與肯定，讓他知道你願意陪他成長。

第四節　提升影響力的溝通策略

- 面對資深夥伴，語氣要有策略對齊的平等感，不可居高臨下。
- 面對跨部門協調，語氣要清楚立場但不帶攻擊，呈現協商空間與專業立場。

此外，語氣也要避開兩種極端：

- 指令式話術：只會說「我要你這樣做」，卻不說為什麼、也不給空間。
- 責任模糊話術：只會說「我們來想想辦法」，卻不定界、不分工、不負責。

有力量的語氣，是能讓人知道你有原則、有標準，也願意協助他成功。這才是真正有效的主管語言。

管理「溝通存在感」：
讓人知道你在場，並期待你出聲

升遷後的新主管，往往會忽略一件事：你說話的頻率與方式，會成為團隊觀察你在不在狀態的依據。你若經常不說話、不參與、不給回應，團隊會逐漸覺得你不是決策核心；你若發言但沒有重點，大家會當你背景音。

因此，你必須刻意經營自己的「溝通存在感」，讓大家在會議、訊息、回饋中感受到你在思考、你有立場、你會支持，也會帶頭。

這不代表你要成為發言最多的人，而是要做到：

第八章　升職後不翻車：新主管 90 天挑戰

- **在關鍵時刻說話**：特別是在混亂、不確定、情緒高張時出聲，幫團隊穩住主軸。
- **在必要時調節衝突**：出面做「關鍵翻譯」角色，幫助雙方重新對焦。
- **在鼓舞時展現語言能量**：用一句正向肯定、幾句讚賞語言激發士氣與參與感。

當你能這樣使用語言，你的溝通不只是資訊傳遞，更成為穩定心理、凝聚共識與促進行動的能量泉源。

第五節　組織文化與制度學習的加速器

升職不是換跑道，而是重新學會跑法

對剛升職的主管而言，最大的挑戰之一往往不是來自任務難度，而是如何快速適應並駕馭新的組織規則與文化語言。你可能以為自己對公司夠熟了，畢竟一路在這個系統中長大、工作多年，什麼流程沒跑過？什麼制度不懂？但當你從「被制度管理的人」變成「要在制度中領導別人的人」，才會發現那是一個截然不同的運作邏輯。

前麻省理工學院教授埃德加・席恩（Edgar Schein）曾將「組織文化」定義為：一組團體在面對外在適應與內部整合過程中所

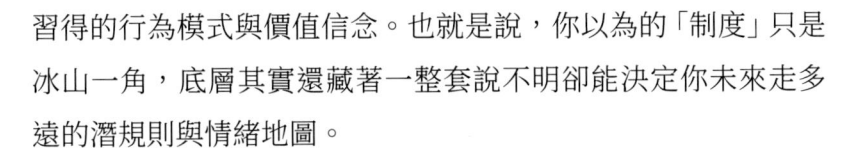

第五節　組織文化與制度學習的加速器

習得的行為模式與價值信念。也就是說，你以為的「制度」只是冰山一角，底層其實還藏著一整套說不明卻能決定你未來走多遠的潛規則與情緒地圖。

本節，我們要探討的不是單純的「制度介紹」，而是如何用高效策略去理解、內化並活用制度與文化，讓你成為在體制中遊刃有餘的升遷強者。

把制度當作「策略工具」，而非「限制邊界」

許多新任主管常犯的一個錯誤，是把制度當成了純粹的限制工具。你開始用 SOP 保護自己、用規則壓制下屬、用流程遮蔽決策。但事實是，成熟的領導者從不怕制度，他們懂得善用制度作為策略槓桿。

當你理解制度背後的設計邏輯，你會發現它其實是一種語言、一種資源分配的分配邏輯：

◆ 用預算制度爭取新專案資源；
◆ 用考核制度設計正向循環的激勵結構；
◆ 用職級制度幫助團隊成員看見成長路徑；
◆ 用會議與報告制度增加曝光與橫向對齊效率。

舉例來說，你不應該只是被動填寫 KPI 報表，而應該透過 KPI 週期，提前設計部門成果的呈現節奏；你也不應只是照章請款，而是去理解誰能在流程中幫你加速通關。

制度不是牆,是你能否在現有賽道中跑得快、跑得穩的操作臺。把制度讀成資源,而非限制,你就從「體制內的員工」升級為「體制內的操盤手」。

組織文化不是口號,而是影響所有決策與關係的隱形力量

在你剛升職時,你會發現有些事明明在流程中沒寫,但大家都默認這樣做;有些話理論上可以說,但你說了之後空氣就凝結了;有些人表面支持,實則推動困難⋯⋯這些,都是組織文化的影響力在發揮作用。

文化不是牆上的標語,而是:

- 在權力與關係中,誰說話有分量;
- 在壓力出現時,大家傾向回歸哪種行動模式;
- 在衝突出現時,組織容不容易容納不同意見;
- 在績效評估上,數字與人情哪個比較重要。

升職的你,不能只看明面制度,也要快速學會閱讀文化的「潛臺詞」。這包括:

- **學會誰是影響氣氛的文化意見領袖**:可能是某位資深員工、某個跨部門的協調角色,不一定有職稱,卻有實質影響力。
- **觀察誰的語言最常在會議中被引用**:這告訴你決策偏好的邏輯與價值觀。

第五節　組織文化與制度學習的加速器

◈ **分析成功者的行為模式**：在這間公司被重用的人都具備什麼特質？是數據導向還是人脈導向？是快速應變還是流程合規？

文化的力量不在明說，而在默認。你能否快速辨識與對齊，決定你在這個組織中是被系統支持，還是被排除在「默契網絡」之外。

用 90 天內的「策略性請教」，快速建立學習網絡

沒有人能靠自己看文件、翻內網就完整掌握制度與文化，你需要一個高效、低成本又能累積信任的學習管道，那就是「策略性請教」。

什麼是策略性請教？不是每件事都去問資深同事，而是：

◈ 挑選橫向與斜上關係中，值得建立關係的關鍵節點人物；
◈ 在問題設計上，不是問「這怎麼填」，而是問「這份資料通常被怎麼看待？」、「在你過去經驗中，這件事的操作盲點在哪裡？」；
◈ 每次請教後，**整理要點並適度引用對方觀點**，讓人知道你有吸收、有行動，也願意讓對方的經驗發光。

這種請教不只是學習，更是一種「低成本建立信任與影響力」的方式。當你問得有品質、吸收得有邏輯、回饋得有感謝，別人會自願為你開啟更多資訊、資源與支持通道。

第八章　升職後不翻車：新主管 90 天挑戰

這種學習方式，讓你不只快速吸收制度文化，更在過程中自然建立領導網絡。

成為文化的「翻譯者」，而非被動的適應者

最終你要理解的是，真正的升職不是你自己跑得多快，而是你能不能帶著團隊在體制中前行。而要做到這點，你不能只是文化的適應者，而要成為文化的翻譯者。

這表示你要能：

- 將組織文化轉化為具體行動策略：幫助新成員理解哪些事可以怎麼做，哪些規則背後有什麼意涵。
- 在推動任務時能對齊文化語境：你知道怎樣的話語、節奏、呈現方式會讓提案更容易被接受。
- 將制度中的空白區補上人性關懷：當制度沒說怎麼處理異常時，你知道怎麼補足，並讓過程仍保有人情與公平感。

你能成為這樣的人，意味著你不只熟悉系統，更能在系統中當橋梁、當領路人。這樣的你，才是升遷後真正的角色化身。

第九章
跳槽還是升遷？
轉職策略與向上流動設計

第九章　跳槽還是升遷？轉職策略與向上流動設計

第一節　當公司沒位子時，你該怎麼辦？

升遷之路卡關，不代表你的能力被否定

在職場上，最令人挫折的情況之一，莫過於當你已準備好升遷，甚至已展現領導潛力與績效成果，公司卻沒有任何空位讓你上去。不是你不夠好，而是剛好上面沒有缺，也沒有即將離開的人，組織架構緊繃得像水泥牆一樣，毫無縫隙可鑽。

這種情境在中大型企業尤為常見。組織越成熟，階層越穩固，一個職缺可能好幾年都不動彈，尤其是主管位階，許多人一坐就十年。即使你在績效考核拿高分，也只能在原位多撐幾年，等「上面有人動」，這一等可能就是五年、十年。

但你必須明白：職位是外部條件，職能才是內部資本；升遷空間有限，不代表你的價值受限。

在這種情況下，你不是該沮喪，而是該轉換思維：若現在公司沒位子，那你該怎麼打造自己的流動策略？這一節，我們不談悲情，我們談設計；不等待機會，而是主動設計自己的升遷替代路線。

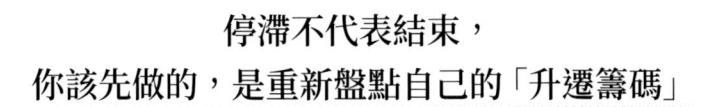

第一節　當公司沒位子時，你該怎麼辦？

停滯不代表結束，
你該先做的，是重新盤點自己的「升遷籌碼」

當升遷卡關，你第一件該做的事不是生氣、不是提離職，而是做一次全面的職能資產盤點與未來價值對位分析。

這個盤點不是「我做過哪些事」，而是：

◆ 我目前的核心職能是什麼？這些職能在公司以外的市場有多高的可轉移價值？

◆ 我已經具備哪些「上位角色」所需的行為能力？例如：人員帶領、策略思考、資源整合、決策承擔⋯⋯

◆ 我過去三年累積的影響力落點在哪？我是否只被部門看見？還是已被跨部門、高層看見？

這三個問題的答案，會讓你明白：你目前在公司的升遷受阻，是卡在結構，還是卡在自己還沒被看見。

若只是卡在架構，那代表你的「升遷價值」尚未貶值，你只需要找到下一個更大的舞臺，或創造新的角色場域讓自己發揮。

若是卡在「只被部門看到」，那麼你需要立刻啟動影響力再分配策略，從跨部門專案、策略建議、組織內部創新小組開始打開視野與認知存在感。

盤點清楚自己的籌碼，才能決定你是該耐心等位子、還是轉身找下一個位置。

第九章　跳槽還是升遷？轉職策略與向上流動設計

三種「無位可升」的組織情境與破解策略

升遷卡關有其共通性，也有不同類型。根據實務觀察，職場中常見的三種「升遷卡位情境」如下：

1. 上層已滿，無退場機制

最常見的結構性問題。部門主管穩坐多年，公司文化重資歷不重位移，整個梯隊動不了。

→破解策略：主動尋求橫向輪調、參與跨部門專案或建議成立新業務單位。你要做的不是硬等，而是創造「新位子」，證明你能扛責任也能帶隊。

2. 主管已認同你，但無權替你安排升遷

此為「認可型卡位」。部門主管喜歡你，也承認你的能力，但無實權可替你爭取位子。

→破解策略：讓「更多有影響力的人知道你值得被提拔」，也就是你需要設計一套「可見性升級計畫」——主動向高層呈現工作成果、請主管推薦你參與組織重要任務、讓你的聲音與視角出現在策略層級的場合中。

3. 公司文化偏安穩，不鼓勵快速晉升

有些公司認為「升太快會被其他人嫉妒」、「年資是必經之路」，你再強，也只能慢慢來。

第一節　當公司沒位子時，你該怎麼辦？

→破解策略：若你無法接受這樣的成長速度，那就要思考是否該將職涯轉向「快文化型組織」，如新創、科技業、或轉向具高位移率的外商與轉型期企業。文化不能改，但你可以換環境。

以上三種情境中，沒有一種是真正「無解」，重點是你有沒有用正確的方法重新取得掌控權。

在公司沒位子時，你仍可以創造自己的「升遷角色」

這裡分享一個來自臺灣科技產業的真實案例：一位在電子代工廠服務八年的中階主管，因為部門主管位子已經滿，他再怎麼努力也無法上位。於是他主動設計一個「跨部門顧客經驗優化小組」，提出改善內部 NPS 機制與產品客訴流向優化的方案。

一開始只是「專案負責人」，但因成果明確、跨部門評價極佳，高層因此決定成立「顧客體驗辦公室」，他便自然轉身成為這個新單位的主管，也開啟了往集團策略端晉升的下一步。

這個例子告訴我們：職位是組織給你的，角色是你自己設計的。當你發現沒有梯子，就自己架一個；只要你有能力、有思維、有成果，組織會在合適的時機把你「升」進那個原本不存在的位置。

你不一定要等缺席，你可以創造需求。

205

第九章　跳槽還是升遷？轉職策略與向上流動設計

若你選擇留下，
就要成為最值錢的「被留下的人」

最後，如果你選擇繼續留在公司，並希望未來一旦有缺就輪到你，那你就必須問自己：我該如何讓自己在還沒升職之前，已經成為公司不能失去的資產？

這意味著你必須從以下幾個方向著手：

◆ **累積不可替代的能力組合**（例：技術 × 商業洞察 × 跨部門合作力）；

◆ 讓每一項成果都能在正確位置曝光；

◆ 培養接班人與教練能力，讓主管放心把位子交給你；

◆ 用高度成熟的心理狀態處理人際與衝突，展現領導格局。

這樣的你，即使還未升職，已經被視為「下一個主管」的預備人選，甚至可能被組織主動規劃。

你不再只是等待，而是讓組織知道：升你是最穩的選擇，不升你是最大的風險。

第二節　向外尋求晉升：跳槽的風險與機會

當內部沒有路，外部可能是你的下一級臺階

有一天你發現，公司內部升遷機會已經封頂，上層動不了、職位不開、不管你再怎麼努力，薪資與頭銜都無從突破——這時候，你開始思考：「那我是不是該跳槽了？」

向外尋求升遷，是一種策略，不是逃避。這不是一種被動的選擇，而是一種基於成長路徑設計的主動決策。特別是當你知道自己的能力已經成熟，市場對你的職能有需求，跳槽就不只是換工作，而是換一個高度、一種資源分配、一套領導場域。

但也正因為跳槽看起來是一條直線晉升路，很多人忽略了其中的複雜性與風險，最後不是沒拿到想要的位子，就是掉進了更難爬出的洞。

因此，本節的核心在於：當你考慮跳槽是為了晉升，你要如何準備、評估與規避風險，讓這一次的轉職，不是轉出去，而是升上去。

不是所有跳槽都等於晉升：三種錯誤的動機

先來看你不該跳槽的三種理由。這些看似合理，實則危險：

1.「現在太煩了，我想換個地方重新開始」

問題是，你帶著一樣的模式換到新地方，不見得比較好。

第九章　跳槽還是升遷？轉職策略與向上流動設計

若你沒看清自己卡在哪個職涯瓶頸，你只是從一個壓力場轉向另一個陌生場。

2.「別家公司開的薪資比較高，看起來比較重用我」

　　重點不在起薪，而在你進去後三年內是否有橫向成長空間。很多公司為了補人會開高價，但文化封閉、升遷動線更死，三年後你只能再跳一次。

3.「我朋友跳過去說很好，我也來試試」

　　別人的成功路徑不一定適合你。產業節奏、個人性格、組織文化、領導風格匹配度都不同。你不能拿別人的地圖走你的人生。

　　這些錯誤動機的背後，其實是對自己缺乏深層盤點與未來設計。跳槽不是選出路，而是選未來；不是逃離現在，而是進攻明天。

精準定義「升遷型跳槽」：
你的職位、影響力與學習曲線必須同步上升

　　所謂「升遷型跳槽」，不是你只換了張名片上的頭銜，而是以下三件事同步提升：

- ◆ **職位上升**：從資深專員變成主管、從主管變成部門負責人，或是從技術主管轉向管理主軸者。
- ◆ **影響力擴大**：你在新職位上的決策範圍與組織影響力必須

第二節　向外尋求晉升：跳槽的風險與機會

更大，橫向合作更多，發言權更高，而不是只是多做事卻無所主導。

◆ **學習曲線提升**：你要能在新工作中獲得你原本組織無法提供的新知識、新能力與新場域。若只是換地方做同樣的事，那不是升級，而是橫移。

若這三項沒有同步，你所謂的「升遷跳槽」就會變成「包裝升級，實質停滯」。你只是在用高薪拖延職涯焦慮，用新環境掩蓋舊問題。

所以，在你動念離開時，你要問的不是「這公司開多少錢？」而是：

「我能不能在這裡學到原公司學不到的？」

「這個新職位是我三年後會為之自豪的成長平臺嗎？」

「這次跳槽會讓我未來轉職更有籌碼，還是更難移動？」

只有當你能用這些標準看待每一次轉換，你才不會走錯那一步路。

市場調查研究不是上人力銀行，而是打開人脈雷達

真正能判斷下一步機會的，不是 104 的職缺，而是你對整個市場機會地圖的理解程度。

升遷型跳槽者，應該具備「市場雷達能力」，以下是幾個實戰建議：

第九章　跳槽還是升遷？轉職策略與向上流動設計

■ 觀察產業趨勢與職位熱度轉換

哪些產業正在擴張？哪些角色成為熱門策略位置？例如數位轉型下的資料分析主管、永續發展相關管理職、跨境營運協調主管等。

■ 主動接觸獵頭與人才顧問建立「觀察位」

不急著立刻跳，但可以定期與專業顧問接觸，了解自己的市場評價與哪類職缺開始浮現。

■ 打開隱性職缺的人脈通道

高階職缺不見得會公告，而是先透過人脈圈釋放消息。你需要經營那些能夠提供「一手市場消息」的人，而非等網站更新。

這些市場調查研究，不是為了焦慮，而是為了判斷與等待正確機會出現時，你能果斷出擊。

升遷型跳槽的最佳時機，不是你撐不下去的時候，而是你準備好轉身升級的那一刻。

風險存在，但你可以提早建立「轉職降落傘」

即使做足準備，跳槽仍有風險。你可能進入新公司後發現文化不合、權限與想像不符、主管風格不對頻。這時候，你需要有「轉職降落傘」來承接你可能的失誤：

- **建立多點式職涯備援路徑**：不是只有一家公司是你跳的選項，應至少有兩至三家潛在替代機會。不要把雞蛋放在一個 Offer 上。
- **保留舊組織的善意與關係**：離職時保持高度專業，盡可能做到「轉身可回」，避免情緒化離開。
- **啟動新工作前三個月的高密度觀察與微調**：設定 90 天內的成就目標、內部關係布局與制度學習計畫，讓自己快速落地與發聲。
- **心理準備與資源儲備**：預留三至六個月的財務緩衝期與心理空窗彈性，避免萬一轉職不順時過度焦慮。

記住，真正的職場高手不是從不犯錯，而是即使轉錯了，也能穩穩落地，再重新飛起來。

第三節　從內部發展看轉職節奏

決定轉職前，你得先知道自己在這家公司還有多少成長空間

在考慮跳槽之前，許多職場人會忽略一個更重要的問題：你現在的公司，真的已經無法再給你機會了嗎？還是其實只是你還沒打開更多內部成長的路？

第九章　跳槽還是升遷？轉職策略與向上流動設計

跳槽從來不是唯一的解方。很多時候，一個人選擇離開，不是因為公司不行，而是因為他沒有好好經營自己的內部發展節奏。換句話說，你還沒用完這家公司可以給你的資源、機會與場域，就急著離開，反而可能錯失一段重要的養成期與影響力累積期。

這一節我們來談談：當你還在觀望要不要離開時，如何精準掌握自己在內部的發展週期，設計出一條屬於你自己的升遷節奏。讓你不只是留下來撐，而是留下來升。

職涯發展的「內部階段模型」：從起跑期到成熟期

任何一份工作，只要你願意深入，都可以拆解成三個典型的內部發展階段，每個階段對應不同的成長任務與評估點：

◼ **起跑期（0～12個月）**

這是你進入新職位、新部門、新任務的初始階段。目標是快速熟悉業務、融入團隊、建立信任與可依賴感。

問題關鍵：你是否已經讓主管覺得你能被交辦？你是否建立了橫向關係與內部聲響？

◼ **擴展期（13～36個月）**

在這個階段，你不只是做事，更是開始設計與整合。你開始帶人、主導專案、向上回報與對外合作。

第三節　從內部發展看轉職節奏

問題關鍵：你是否已經開始產出影響力成果？是否進入組織關鍵任務？你有沒有被納入決策圈？

轉型期（36個月以上）

如果前三年你都建立了實績與影響力，那麼接下來你該進入「角色再定位」的階段，也就是你要從「執行者」變成「制度設計者」或「策略實踐者」。

問題關鍵：你是否已經在帶其他中階成員成長？你是否正在創造新制度、新價值？你是否開始在董事或高層決策場域出現？

透過這三個階段，你可以具體盤點：你是不是已經走完這個職位在這間公司所能發展的完整週期？還是你還卡在某個階段，值得再挖深一層？

設計你的「內部成長節奏圖」：
升職不是等出來的，是鋪出來的

很多人誤以為「升遷」是上面決定的，其實更精準的說法是：升遷是你主動設計出來的，然後讓主管無法不升你。

那麼你該怎麼設計自己的成長節奏？以下是實務上常見的策略設計法：

◆ **每12個月設定一次角色升級目標**：不是職位升級，而是「我這一年要讓主管怎麼看我、讓部門怎麼仰賴我、讓公司怎麼依賴我？」

第九章　跳槽還是升遷？轉職策略與向上流動設計

- ◆ **每 6 個月設計一次橫向挑戰任務**：例如跨部門專案、內部教育訓練主持、制度建議書提出⋯⋯這些不但讓你曝光，也讓你打開視野與橫向合作能力。

- ◆ **每季進行一次「升遷對話」**：不是去求升，而是主動與主管談自己的成長觀察、需求、以及未來兩年的規畫，讓主管知道你是有節奏的人。

你不是等升遷，而是讓組織知道：「你不幫我升，我會在這個位置創造出超乎預期的價值。」

這樣的節奏設計，不但讓你留下來時不懈怠，更讓你在準備跳槽時，手上握有完整的職涯敘事與成果累積。

留下來，還是出去？用這三個指標做出高品質判斷

如果你已經盤點過自己的內部節奏，也開始設計自己的成長計畫，下一步就是判斷：「我是否該繼續投入，或是準備轉場？」

這裡提供一個簡單但實用的三層判斷指標：

■ 影響力停滯

如果你連續兩年以上無法接觸新任務、無法進入關鍵場域、你說的話沒有改變任何事──這意味著你在組織中的邊緣化正在發生。

第三節　從內部發展看轉職節奏

▰ 學習性枯竭

如果你在現在的職位上已經沒有任何新挑戰，做的都是重複工作，思考框架沒有升級，你的心智肌肉正在萎縮。

▰ 評價系統與你不再契合

如果公司獎勵的不是你想要的、升遷的是另一種人格或價值觀，你會在「價值觀分離」中逐漸失去動能。

只要符合其中兩項，你就可以啟動轉職規畫。而只要三項都不符合──恭喜你，你還在黃金累積區，請繼續深耕。

不跳也要動：內部節奏準備你走得更遠

最後要說的是：真正穩定的職涯，不是「一直留下來」，也不是「跳得多漂亮」，而是你在每一段歷程中都活得有節奏，有策略，有影響力。

留下來時，你不是在忍，而是在練：練領導力、練橫向力、練說故事的能力、練創造新局的勇氣。而當你真的要離開時，你不是因為不甘，而是因為你已經在這家公司完成了自己的成長週期，該用下一個位置去承接這段歷程。

如此一來，你不會只是從一間公司離職，而是從一段成熟的職涯階段，晉級下一段更寬廣的戰場。

第九章　跳槽還是升遷？轉職策略與向上流動設計

第四節　領導職缺的市場辨識與轉換期準備

領導職缺不是等來的，而是要會找、會抓、會養

當你已經在職涯中走到某個節點，並準備升遷或轉職至領導職位時，你會發現：領導職缺不像基層職缺那樣在網站上到處是，它往往隱藏在網絡裡、人脈裡、甚至還沒釋出之前就已經有人選在評估。

因此，能否「辨識」出這類高階職缺，是升職與否的分水嶺。而能否「準備好」接下這種角色，則是你能不能被市場認可的關鍵。

這一節我們要來談的，不只是如何上人力銀行找職缺，而是如何成為那個在對的時間、對的場域裡被需要、被想到、被選擇的領導者。因為市場不缺人，缺的是「能被放上桌面討論」的人。

領導職缺的三種隱形樣貌：你得看懂才找得到

根據多家國際人力資源顧問公司的內部統計，超過 60％的中高階職缺從未公開過，而是在釋出前就透過人脈推薦、內部移動或獵才直接接洽。也就是說，這些位子存在，但不是每個人都看得到。

第四節　領導職缺的市場辨識與轉換期準備

你需要具備「市場雷達」的眼睛，從蛛絲馬跡中找出那些潛在的領導職缺：

■ 組織擴編前兆

當你觀察到某間公司正在加速擴張、進軍新市場、啟動新業務線，這通常意味著「未來六個月會有新的主管位置出現」。

■ 原職位領導者即將調動或離開

若你發現某高階主管近期頻繁與外部接觸、出席產業活動異常頻繁或低調，可能代表其準備轉職或被挖角。這時該職位即將空出。

■ 市場策略轉向導致的結構重組

當產業環境快速變化（例如疫情後的數位轉型浪潮），企業為求轉型，常會重新設計部門職責，此時會釋出具轉型任務性的領導職位。

你若只等職缺公告才開始投遞，那你永遠排在推薦名單之後。你要做的，是在職缺「還沒成形」之前，就提前布局自己成為潛在人選。

領導職缺不是應徵來的，是「被提名」的結果

一般職位靠履歷，領導職位靠信任。而信任，來自被誰推薦、誰背書、你過去在哪些戰場贏過。

第九章　跳槽還是升遷？轉職策略與向上流動設計

當你目標是領導職位，請不要只把自己當候選人，而要把自己經營成「選項」——一個在需要出現時，主管會想到、顧問會推薦、業界會相信的人。

以下是幾個讓自己進入提名名單的實作策略：

- ◆ **建立專業聲望場域**：主動在產業論壇、企業內訓、協會活動中分享你的觀點與成果。讓別人知道你不只是做事，更能講事與想事。
- ◆ **強化關鍵影響圈的信任網絡**：你必須讓 HRBP、業界顧問、前主管與前同事記得你是一個值得推薦的人。這些關係要事先經營，而非臨時敲門。
- ◆ **打造具說服力的個人案例集**：領導職缺最看重的不是你做過什麼，而是你帶過什麼改變。你需要整理出「五個以上具代表性的領導實績」，並能用三分鐘說清楚每一個案例的策略邏輯與影響數據。

真正的機會，不是你投出的履歷，而是別人主動打來的一通電話。

你準備好了嗎？領導轉換期必須具備的五種能力

當市場有位置釋出，下一個問題是：你準備好了嗎？領導職缺不是學來的，而是你能不能撐住現場的壓力與複雜度。

以下是你在轉換領導職缺時，必須具備的五種能力：

第四節　領導職缺的市場辨識與轉換期準備

◈ **決策負責力**：你能否做出高壓情境下的快速決策，並承擔後果？不能再只是回報問題，而是要提出解法。

◈ **人際整合力**：你能否整合跨部門、跨世代、跨專業的成員？讓不一樣的人為同一個目標工作？

◈ **制度理解力**：你能否看懂並善用組織制度，包括預算流程、績效機制、政治地圖與文化禁忌？

◈ **策略洞察力**：你是否只會把事情做好，還能看見哪些事「該做」、哪些事「該先做」、哪些事「該停做」？

◈ **心理成熟度**：你能否被討厭？能否被挑戰？能否在自我懷疑中依然帶著人往前走？

這些不是靠頭銜給你，而是你過去的累積所展現出來的存在感。市場不會等你準備好，它只挑「已經準備好」的人。

領導職缺的轉換期，不是跳躍而是躍升

最後，我們來談一個重要但經常被忽略的面向──領導職缺的轉換期，既是動能的中繼站，也是觀點升級的檢查點。

你必須懂得設計「進入新職位前的過渡計畫」，這計畫至少應該涵蓋：

◈ **角色觀念重塑**：從「任務型主管」過渡為「系統型領導者」；從自己做完任務，到幫別人把任務設計好。

第九章　跳槽還是升遷？轉職策略與向上流動設計

◆ **外部觀點導入**：提前拜訪新公司內部關鍵人、與新上司進行策略性對話、研讀新產業的趨勢資料，建立「語言適應期」。

◆ **心理能量準備**：給自己一段「斷開舊角色、進入新身分」的空窗期，不是為了放空，而是讓自己能重新聚焦，為全新領導挑戰充電。

只有這樣，當那個職缺出現時，你才能不只是遞上一份履歷，而是帶著完整的轉換能量與角色成熟度，讓人看到你不是來學的，你是來帶領的。

第五節　升遷不是終點，而是新戰場的開始

坐上位子不是結束，
而是另一場更高階的試煉開始

升職、轉職、被延攬，這些在職場上看起來的「高光時刻」，往往讓人誤以為目標已經達成，人生從此步入順風順水。但現實是──升遷不是結局，而是另一場更難打的戰役的開場。

升上新位子後，你會發現自己進入了另一個遊戲場景：人際關係重新洗牌、角色期望完全翻轉、決策壓力成倍上升，而你的影響範圍不再只是執行成效，而是組織整體的穩定、未來與文化傳承。

第五節　升遷不是終點，而是新戰場的開始

這一節，我們不談怎麼升職，我們來談：升職之後，你要如何重新打造自己的角色框架與領導定位，真正成為那個能撐起這個新位子的人？

因為每一次升遷，都不是結束，而是提醒你：你準備好打開下一場人生戰場了嗎？

位階上升，責任重構：你不再只為自己工作

升遷最大的變化，不是頭銜，而是你為誰而工作、你扛的是誰的責任、你的一句話會影響多少人。

從一線執行者升成主管，你的責任從「把事做對」轉為「讓團隊對的事被做出來」。從中階主管升成高階領導者，你的責任從「交付 KPI」變成「設計 KPI、守住方向、整合資源、承擔風險」。

在這個角色重構過程中，你要完成三件事：

◇ **重新設計你的時間配置**：你不能再把所有時間花在細節與任務追蹤，而要有時間看趨勢、談資源、處理人與人之間的複雜議題。

◇ **學會讓「人」成功，而不是你成功**：升職後你最大的產出，不是報告，而是讓其他人也能被升、被信任、被放上檯面。

◇ **學會站在「結構位置」思考，而不是「職務角色」思考**：你不再只是某個部門主管，而是這個組織如何運作的一部分，你要為制度、文化、未來承擔責任。

第九章　跳槽還是升遷？轉職策略與向上流動設計

升遷不是換工作，是換世界。你要開始用更大的視角看自己、看人、看組織。

須調整的，
不只思維與能力，還有你「被看到」的方式

很多人在升職後會出現一種微妙的錯位感：我明明已經升了，為什麼別人還是把我當以前的我？同事還是來找我處理執行瑣事、高層還沒開始把我拉進策略會議、我自己也還在用過去的語言方式說話⋯⋯

這是因為你還沒「重新定義自己」，讓別人看見你現在的角色是什麼。

要完成這個轉換，你必須有意識地設計「角色再定位」：

◆ **語言轉換**：開始使用策略語言、整體語言、未來語言。例如將「我們這專案進度落後」轉換為「這反映出我們流程設計有個環節需要優化」。

◆ **發言場景選擇**：在會議中開始針對流程設計、資源安排、人員培養給出見解，而不只是回報個案細節。

◆ **互動關係設計**：與上層、平行、下層之間的互動模式要做出層次分化，該委任的要放手、該主導的要主動。

第五節　升遷不是終點,而是新戰場的開始

升職的你,不只要做得對,還要「被看見成為這個位置的人」。因為職位給了你框架,但你要親手把自己的角色內容填滿。

升職後的你,要開始為「未來」布局,而非只應對「現在」

你過去的成功,來自於解決問題、執行任務、達成成果;但升職後的你,價值來自於能否替公司創造「下一代價值結構」。

你要開始問的問題不再是:「這件事怎麼做比較快?」而是:「這件事我們做對了,是否可以讓明年團隊不再為同樣問題煩惱?」

也就是,你的角色不是解題高手,而是:

- ◆ **制度設計者**:創造出一個讓大家更容易成功的流程與制度。
- ◆ **風險管理人**:提早發現可能衝擊全局的漏洞與壓力源,主動建議改變與修正。
- ◆ **策略整合者**:能夠把不同部門、不同團隊的力量整合起來,形成可持續成長的系統。

當你開始這樣思考,你就不只是「升上去的人」,而是「領導未來的人」。

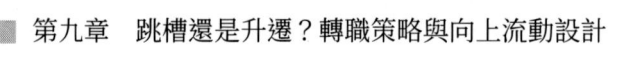

第九章　跳槽還是升遷？轉職策略與向上流動設計

第十章
女性、少數與升遷玻璃天花板

第十章　女性、少數與升遷玻璃天花板

第一節　性別偏見與組織內隱規則

真正的障礙，往往不是寫在制度裡，而是藏在潛規則後面

談到升遷中的性別議題，很多企業會強調：「我們對男性和女性一視同仁」、「升職看的是能力，不是性別」。這些說法在制度上可能屬實，但在實務中，許多影響升遷的關鍵判斷，其實不是明文規定，而是藏在組織文化與非正式決策邏輯中的潛規則。

例如：有多少次部門主管在討論接班人時，會以「她剛生完小孩，可能沒有時間帶團隊」作為否決理由？又有多少位女性主管，明明績效亮眼，卻因為「個性太強勢，不好相處」而錯失升遷機會？這些說法從來沒寫進人資制度，但卻真真切切地存在於升職決策的會議室裡。

這就是所謂的「玻璃天花板」(glass ceiling) 現象：制度不歧視，但文化有限制；名義上平等，但實際上充滿隱形障礙。而這些障礙，不只是針對女性，也針對性少數、非典型領導者、以及不符合主流「成功想像」的人。

要突破這些隱性偏見，我們必須先能看見它、命名它，然後才有可能破解它。

第一節　性別偏見與組織內隱規則

升遷評估中的「性別加分」與「性別扣分」邏輯

在許多企業升遷評估中,即便沒有明說,也仍存在潛在的「性別推論」邏輯。這些邏輯不總是負面的,有時甚至以「加分」的形式出現,卻仍然限制了個體的真實選擇與發展。

常見的性別評估潛規則包括:

性別加分陷阱:

「她很細心、適合管行政」→被預設適合支持性角色,而非策略決策職。

「她講話溫柔、有親和力」→被安排去做客服、內部協調,而不容易被分派關鍵業務專案。

性別扣分偏見:

「她脾氣有點硬,不像女主管該有的樣子」→明示或暗示不符合「好女人」的期待。

「萬一她之後要生小孩怎麼辦?」→對未來的生活安排做出假設,並以此作為否決基礎。

角色雙重標準:

男主管強勢被稱為果斷,女主管強勢被說是難相處。

男主管加班被稱為敬業,女主管加班被問:「妳家人怎麼想?」

第十章　女性、少數與升遷玻璃天花板

這些偏見一旦內化進組織文化，就會變成一套無形的升遷預設腳本，而偏離這個腳本的個體，就會被自動排除於「適任名單」之外。

組織內的非正式權力場域，是女性升職的隱性挑戰

升遷不只是績效的結果，更是關係與影響力的集結。在許多組織裡，真正決定升遷與否的，不是制度文件，而是非正式權力場域──例如：高層的信任網絡、私下的推薦圈、業務核心圈的「圈內人」機制。

而這些場域，往往不是女性進得去的。不是因為能力不夠，而是：

- 私下關係偏向男性文化（高爾夫、應酬、出差關係）
- 女性若主動靠近，可能被貼標籤（被揣測有私交或動機）
- 女性的工作時間與私人角色多重綁定，不容易無條件投入「場域社交」

換言之，女性即便績效亮眼，也容易成為「缺乏關鍵關係」的邊緣升遷人選。而一旦某人未進入非正式推薦圈，她就永遠無法成為被討論的候選人，更遑論上位。

破解方式不在於去改變性格，而是要打造屬於自己的影響力圈層，並選擇信任你、理解你職業價值的盟友。

第一節　性別偏見與組織內隱規則

組織對「領導者樣貌」的刻板印象：
你不像他們預期的那個樣子

另一個不易被察覺的偏見是：對領導者應該是什麼樣子的文化想像。多數企業對領導者的隱性想像仍然是：外向、主動、擅長談判、強勢、果斷、能在公開場合發聲，有「決策氣場」。

這些特質與性別無關，但長期在男性主導文化中被包裝為「男性特質」，使得當女性或非典型特質領導者出現時，容易被貼上「領導力不夠」、「不像主管」的標籤。

這不是能力問題，而是「符合預期」與否的形象偏差問題。

因此，有些女性在面對升遷時，會陷入兩難：

◈ 若展現溫柔與柔性領導，容易被認為不夠強；
◈ 若展現果斷與掌控感，則又被批評情緒化或壓迫感太強。

這種「雙重標準」不僅讓人疲憊，也讓許多優秀女性在中階職位停滯，無法突破那道看不見的升遷門檻。

而你要做的，就是不改變自己去符合預期，而是主動重塑他人對「領導者」的認知樣貌。讓他們看見：領導可以有多元面貌，績效不等於聲音最大，而是責任扛得最穩。

第十章　女性、少數與升遷玻璃天花板

改變從看見開始：
辨識偏見、命名偏見、再創空間

這一節的目的，不是讓你怨嘆「世界不公平」，而是讓你開始能看見那些本來讓你說不上來、但總覺得「哪裡不對」的組織氛圍。

因為偏見最危險的地方，在於它從不承認自己存在。但一旦你能命名它，你就能針對它行動。

以下是三個可以立刻開始實踐的觀察與行動框架：

■ **觀察：是否存在重複性語言線索？**

例如每次評估女性領導者就提到情緒、人設、家庭背景，那這些就是文化偏見的跡象。

■ **命名：在安全場域說出這些偏見**

與信任的同事、主管或 HR 進行討論，將這些偏見具體化，讓它們能被看見與調整。

■ **創造：用實績創造新標準與新故事**

你可以是第一個用不同風格成功領導的人，從而讓未來進來的人不必再經歷你走過的誤解與試煉。

改變，不會一夜之間發生。但你可以成為那個讓改變開始的人。

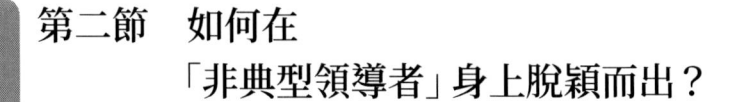

第二節　如何在「非典型領導者」身上脫穎而出？

領導力不只一種模樣，你可以創造新的原型

在傳統企業文化裡，「領導者」的樣貌似乎總有個標準模板：高談闊論、行動快速、有強大氣場，說一不二。但隨著組織越來越多元、團隊型態越來越扁平，這種單一的領導標準已經逐漸失效，更多「非典型」領導風格開始被看見與重視。

所謂非典型領導者，指的是那些在性別、年齡、氣質、溝通風格、文化背景等方面，與傳統領導形象有所出入的人。他們可能比較內向、比較感性、不喜歡競爭、不善於自我推銷，也可能是少數族群、跨性別者、身障者，或來自非主流學歷與職涯路徑。

這些人雖然不符合「主流期待」，卻可能擁有極強的共感力、系統整合力、文化調和力與長期穩定的帶人能力。

問題是，在一個對領導者仍有固著想像的場域中，他們如何被看見？如何不硬要扮演別人的樣子，而是以自己的方式，在職場中脫穎而出？

這一節，就是要告訴你：領導力從來不是模仿，而是發現與放大自己的強項，並讓它在組織中變得不可或缺。

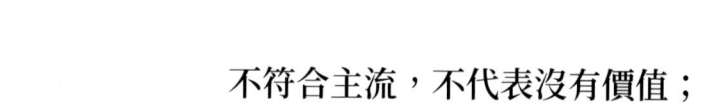

第十章　女性、少數與升遷玻璃天花板

不符合主流，不代表沒有價值；
你需要的是「風格覺察」

在很多升遷受阻的例子中，並非當事人能力不夠，而是他們不清楚自己的風格與組織的期待存在哪些落差。這種「模糊感」，會讓主管無法信任、無法授權，也無法將你納入接班梯隊。

因此，非典型領導者的第一步，是建立「風格覺察」——你是怎麼帶人？你擅長什麼節奏？你在什麼情境下表現最好？你會怎麼處理衝突？你的價值觀會怎麼影響團隊？

以下是幾種常見的非典型領導風格，你可以參考來認識自己：

- **整合型領導者**：擅長將不同部門、不同聲音整合為共識，不一定是最強勢發言者，卻是最能讓人放心合作的人。
- **引導型領導者**：重視對話與教練式溝通，透過陪伴與提問讓團隊找到方向，適合帶年輕世代或創意型團隊。
- **安定型領導者**：擅長守住底線與節奏，讓團隊在高壓或混亂中仍能維持穩定，適合風險管理或轉型期團隊。
- **文化型領導者**：對人特別敏銳，能辨識氛圍與情緒波動，善於建立正向團隊文化與心理安全感。

這些風格都不一定是「衝第一」或「掌控一切」，但都能成為團隊裡不可或缺的支柱。只要你能清楚定位自己的價值與風格，就不必再硬裝成傳統樣貌來證明自己。

第二節　如何在「非典型領導者」身上脫穎而出？

你不必「像他們」才會被提拔，
你要的是「讓他們需要你」

一位非典型領導者最大的優勢，就是你能看到主流領導者看不見的盲點，補足組織文化與管理的縫隙。

很多公司都有這樣的主管：能談策略、能開會、能對上交差，但卻總有人才流失、團隊氣氛低迷、合作無法落地。這時，若你能補上這些落差，組織會開始依賴你、需要你、信任你。

你不必成為那個站上臺的人，但你必須成為那個所有人都希望跟你合作的人。這會讓你在升遷考量中，自然而然被納入「穩定、成熟、值得倚重」的角色群。

要做到這點，你必須主動：

- **設計你的角色亮點**：選擇兩到三件你做得特別好的事，並在部門或跨部門任務中持續累積可見性。
- **進入高信任對話場域**：不是每次都要發言，但你要能在被需要時說出洞察與整合觀點。
- **讓價值流動起來**：幫助別人成功，不代表自己隱形，而是你在構築影響力的信任網絡。

你的目標不是「表現得像主管」，而是「在實務上成為讓主管仰賴的對象」。

第十章　女性、少數與升遷玻璃天花板

撐過懷疑期，你會進入「角色自帶說服力」的狀態

非典型領導者最大的挑戰是：前期容易被質疑，但一旦建立信任後，會比主流更有深度信任黏著。

你需要知道，大多數組織文化對於「不一樣」的人，一開始總是懷疑 —— 這不是針對你，而是對於改變的不安。但你只要能夠穩定輸出成果、展現成熟態度、回應挑戰得宜，就能用時間與實績說服這個系統。

而當這個過程結束，你會進入一種「角色自然說服」的狀態：大家開始認可你就是這個職位的標準之一，你的存在本身就改寫了他們對領導的定義。

這時的你，不只是自己晉升，更為後來者鋪了一條路。你成為了新的「典型」—— 一個讓別人相信，「領導力可以長這樣也很好」的存在。

你不是例外，而是新常態的先行者

最後你要記住，非典型不是「比較差」或「比較難」，而是「還沒被大多數人理解」。你之所以感覺卡關，不是因為你錯，而是因為你走在改變的前面。

但正因為你先走一步，你就有機會定義新的領導樣貌。這不只是職位的提升，更是職場文化的演化。當你成為主管，未來就多了一個非典型的參考模型，讓下一位跟你一樣風格的

人，不必再經歷那麼多自我懷疑與適應壓力。

你不是組織裡的異類，而是組織未來多元化的預告片。撐住、不退、持續成長，就是你最強大的改變力量。

第三節　自我認同與外部標籤的解構

別讓別人定義你是誰：
職場上最危險的不是外在阻力，而是內在限制

「她太情緒化，不適合當主管」、「他這種背景不夠國際化」、「他雖然努力，但感覺不夠領導氣場」——這些話，你可能從來沒有聽人當面說過你，但你卻時常感受到它們在空氣中流動，甚至在你內心裡重複播放。

這就是「標籤」的作用。它不必出聲，卻能在你內部產生自我懷疑與自我設限。

在升遷路上，最容易被放大檢視的不只是你的能力，而是你是誰——你來自哪裡、你像不像「那種會升的人」、你和主流管理階層有沒有共鳴感。

但問題是，如果你總是想著「我要像他們一樣」，那麼你就會不自覺犧牲掉自己的真實樣貌。而當你不是用自己的方式領導，你也很難讓別人真正信服。

因此，本節要談的不是你如何符合他人期待，而是如何建

第十章　女性、少數與升遷玻璃天花板

立一個強韌的自我認同系統，讓你不被標籤綁架，也不再為了證明什麼而失去你是誰。

自我認同是職場韌性的基礎：你不能不知道你是誰

在組織裡，角色定位與他人認知從來不是中性的。無論是性別、年齡、學歷、文化背景、婚姻狀態甚至穿著打扮，通通都會影響別人對你是「哪一種人」的判斷。

這些「外部投射」，若你沒有穩固的自我認同，很容易就會讓你懷疑自己是否真的配得上更高的位置。許多女性或少數背景的工作者，即使有實績、有能力，仍會在被提拔時產生「冒名頂替症候群」（Impostor Syndrome）：我是不是只是因為運氣好？大家真的相信我能當主管嗎？我會不會露餡？

而你要突破這種心態的第一步，就是要從內部確立你對自己的定義與價值感。

這裡有三個問題，幫助你盤點自我認同核心：

我相信我能帶來什麼樣的改變？

不是你做過什麼，而是你認為自己能夠為組織創造的價值與影響。

我拒絕接受哪些定義？

譬如「女性不能太強勢」、「非本科系就不專業」、「講話溫柔就代表沒主見」等等，你要知道這些不是你必須接受的設定。

第三節　自我認同與外部標籤的解構

我願意用什麼樣的方式被認識？

這是你建立個人品牌與職場角色的起點，不是別人怎麼說你，而是你想讓別人怎麼記得你。

當你對自己的定位越清晰，你越不會被他人的片面看法拉走，你能帶著穩定的自我站上舞臺，不需要解釋，也無需討好。

解構標籤的第一步：把對話從身分拉回貢獻

職場上的偏見與標籤最容易出現在「對你的人設多於對你成果的理解」時。換句話說，你若總被當成「那個女主管」、「那位新人主管」、「那個看起來太年輕的人」……就代表你尚未被以貢獻者的身分被完整看見。

要改變這件事，你必須主動設計對話與行為場景，讓他人從「關注你的身分」轉向「看見你的價值」。

實作建議如下：

◆ **在關鍵場域中發聲，聚焦在洞察與解法**：讓你的存在感不是來自個人特質，而是來自實質內容。

◆ **當團隊出現偏見語言時，輕柔但堅定地指出來**：不是爭辯，而是「善意提醒」。例如：「我知道很多人覺得女性不容易強勢，但我相信領導風格是多元的。」

第十章　女性、少數與升遷玻璃天花板

◆ **建立一種可預期的專業存在感**：不管你是什麼背景，只要你能在每一次出場都提供清晰、邏輯、影響力語言，久而久之，標籤會被功能所取代。

要記得，唯一能夠穿透偏見的，是你能否穩定產出價值與信任感。

重塑自我敘事：升遷不是為了證明，而是為了實現

很多少數者會在升遷過程中背負巨大的心理壓力，覺得自己若不升，就對不起那些相信自己的人；若升了，就代表要為某個群體「代言」或「發聲」。這樣的心理負擔，很容易讓人走得痛苦且疲累。

你需要理解的是：升遷不是為了證明你不是他們想的那樣，而是你想讓這個位置，有你的樣子存在過。

這是一種從防禦性角色，轉為創造性角色的轉換。

以下是幾種自我敘事的轉換語言，你可以開始練習：

◆ 從「我希望他們不要誤會我」→「我希望讓他們知道，領導也可以這樣做事與說話。」

◆ 從「我怕我不夠格」→「我知道我正在成長中，但我有足夠的誠意與責任感去學會這份角色。」

◆ 從「我不是最好的那個人」→「我可能不是最典型的候選人，但我能提供不同的觀點與方式，讓結果更完整。」

當你的敘事從解釋自己，變成創造價值的語境，你就從一個「弱勢候選人」變成了「策略選擇」中的關鍵變數。

你有權力定義你的升遷之路，也有義務活成自己相信的樣子

回到核心命題：你想成為什麼樣的領導？你想讓什麼樣的價值在這個職場被看見？

不是每個人都渴望當 CEO、董事長或變成社會菁英，但每個人都值得被以「完整的個體」被看見、被對待、被理解。而這個權利，是你必須爭取、也必須活出來的。

你無需迎合主流，也不必抗拒組織。你只要選擇：我要活出我的樣子，但同時具備讓別人無法忽視我的能力。

在這樣的選擇下，升遷會來找你，不是因為你符合某種樣板，而是因為你讓整個系統更完整、更有彈性、更有前進的可能。

第四節　包容性領導與多元職場的升遷新策略

當「多元」不只是口號：升遷機會的重組正在發生

在過去，職場升遷是一套標準模板遊戲：你必須符合一套既有的規則與特質，才能進入領導圈層。但隨著組織結構轉

第十章　女性、少數與升遷玻璃天花板

型、國際接軌加速以及新世代價值觀的轉換，包容性與多元性正在成為組織內部升遷制度重構的關鍵語言。

這並不代表你只要是少數就會被升遷，而是代表你若能懂得運用「包容性領導」的思維與策略，將能創造一種不同於傳統競爭框架的升遷邏輯 —— 不是贏過別人，而是讓更多人因你而共贏。

這一節我們要探討的是：如何在一個越來越強調文化共融與價值多元的職場裡，建立屬於自己的升遷新策略。這不只關乎個人成長，也關乎你如何引領組織走向更具韌性與創新力的未來。

包容性領導不只是關心多元，
而是設計一個讓人能發光的系統

很多人對「包容性領導」的想像還停留在「比較溫柔的主管」或「願意聆聽不同意見的人」。但事實上，真正的包容性領導，是一種制度設計能力與文化建構意識的綜合表現。

簡單說，包容性領導者不是只關心某個人有沒有發言權，而是：

- ◆ 能否創造一個讓多元觀點能並存、激盪、整合的工作場域
- ◆ 能否讓不同性格、背景、能力的人，都找到自己的發揮模式與成就通道

第四節　包容性領導與多元職場的升遷新策略

◆ 能否在團隊內部建立一套「尊重彼此差異」但又能「對齊共同目標」的文化節奏

當你具備這樣的領導能力，你會被視為一種「組織穩定器」與「文化催化劑」，也更容易在升遷考量中被納入策略布局的一環。因為你不只是能幹，而是能讓別人也變得能幹。

這樣的人，是每個組織都需要的未來型領導者。

打造「多元環境中的高績效團隊」是你的升遷護城河

升遷的本質是什麼？是你能不能帶出績效、穩定團隊、承擔責任。而在當代職場中，組成一個「相同背景的人組成的團隊」幾乎不可能。你會帶到的是：

◆ 年齡分布從 Z 世代到 X 世代（10～60 多歲）
◆ 有人偏重邏輯、有人偏重情感
◆ 有人來自技術專業、有人出身人文背景
◆ 有人高調主動、有人內斂觀察

這樣的多元若無法管理，就會產生矛盾、誤解與失效；但若你能管理得當，就會成為創造力與穩定性的雙重來源。

包容性領導的升遷優勢就在於：

第十章　女性、少數與升遷玻璃天花板

- 你能管理更多元的團隊，因此升任跨部門與大型組織的機率提高
- 你在溝通、協調、調解上的能力，讓你更容易取得上下信任
- 你具備系統化設計團隊運作方式的能力，可承接複雜專案與轉型任務

當你證明你能讓一個多元團隊變得高效，那你就不是在爭一個職位，而是在為組織「養一種未來的能力」。

運用「心理安全」與「同理績效」的雙軌設計法

怎麼把包容力轉化成升遷優勢？最有效的操作方式是同時建立兩套機制：

心理安全感

創造一個讓團隊成員不怕提問、不怕失敗、不怕挑戰權威的氛圍。這會大幅提升創新與學習速度。

→具體作法：每次會議留出「無責任反思區」、對於錯誤採取「事後學習模型」、領導者公開示範承認盲點與修正意圖。

同理績效機制

將績效管理不只看結果，也看過程中的限制、資源條件與個體差異，進行調整性目標設定。

→具體作法：建立「目標調整對話週期」、設置「個人工作條件調整通道」、導入「貢獻導向績效對話」。

當你以這樣的雙軌邏輯運作團隊，你不會被視為「溫吞好人」，而是有策略、有結構的文化設計者與績效創造者。

這種能力，是跨文化組織、轉型企業、全球團隊中最渴望的主管特質。

包容性是升遷槓桿，但不能變成道德壓力

值得注意的是，許多女性與少數背景者，在組織內被視為「多元代表」之後，反而承擔了更多「文化輸出」的壓力，例如：

◆ 被要求參與多元講座、文化推廣、平權倡議
◆ 被期待成為團隊中的「情緒安撫者」或「文化翻譯者」
◆ 被默認要代表某一群體發聲

這些角色雖然有其價值，但也可能轉移了你原本該專注在升遷與策略工作的能量。

因此你要記得：包容性是你升遷的優勢，而不是你被道德綁架的理由。

你可以選擇參與文化建構，但你有權拒絕當職場中的道德象徵。因為你不是來代言，你是來帶領。

第十章　女性、少數與升遷玻璃天花板

第五節　向上管理中的性別智慧與應對力

升遷過程中的「性別動力學」：
不是你太敏感，而是你看得夠深

升遷，從來都不只是實力的競賽，更是心理、觀感與關係的全盤賽局。當你是職場裡的少數者──無論是女性、性別少數、或是氣質不合傳統主流──你會更容易發現一件事：上位者對你的評估，往往受到你性別特質與溝通風格的潛在影響。

這不是抱怨，而是現實。你會發現，明明同樣語氣直接的提案，來自男性就被稱為有魄力，來自女性卻可能被說成咄咄逼人；男性主管私下和上層互動被認為關係良好，而女性主管這樣做則容易被過度揣測動機。

這些雙重標準無所不在，而你若沒有意識到，就容易陷入升遷過程中被「誤解」、「錯評」甚至「被邊緣」的處境。

本節要談的，就是當你站在向上管理的位置時，你該如何運用性別智慧，不去對抗性別，但也不被性別制約？又如何提升應對力，讓誤解止步於第一反應，而不變成升遷的絆腳石？

第五節　向上管理中的性別智慧與應對力

向上管理的第一要務，
是辨識「權力偏見」而非「個人敵意」

很多人誤解了向上管理，以為就是討好主管、巴結高層。但真正有效的向上管理，是一種主動調整訊息輸出方式，讓你的意圖、能力與價值在上位者心中清晰可見的策略行為。

對於女性與少數背景者來說，這個過程尤其複雜。因為主管可能並不惡意，但他們的決策與回饋，卻夾雜著「性別偏見的認知框架」，例如：

◈ 「我不好意思讓她接這案子，怕她壓力太大」→潛臺詞是認為妳抗壓性不夠

◈ 「她太情緒化，可能沒辦法管理衝突團隊」→實際上妳只是更直接表達情緒，卻被貼上失控標籤

◈ 「他比較穩重，比較像領導者」→穩重其實只是外顯特質，不等於決策力

這時你若只想著「主管是不是在針對我」，就會陷入個人化的自我防衛。但如果你能看穿這些語言背後的權力運作邏輯，你就能用更精準的對話與行為方式，進行「反轉操作」。

向上管理的第一課就是：理解不等於接受，但看懂才有談判與重塑的空間。

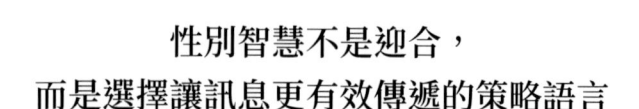

第十章　女性、少數與升遷玻璃天花板

性別智慧不是迎合，
而是選擇讓訊息更有效傳遞的策略語言

有些女性主管會說：「我就想做自己，不想為了升遷改變說話方式。」這樣的堅持有其價值，但你必須理解：向上管理不是你改變自己，而是你選擇用讓主管聽得進去的方式，說出你原本就想說的話。

這裡的關鍵，是語言策略與風格調節。以下是幾個能讓你的訊息更具影響力的性別智慧應用法：

■ 使用「合作語境」取代「對抗語境」

舉例：「我不同意這個案子的做法」可以換成「我有另一種角度，也許能補強目前的方向」。後者不弱，而是更容易讓對方接住。

■ 善用問題語法而非結論語法

譬如在高層會議中，你可以說：「我們是否能探討一個可能導致延遲的關鍵點？」而不是「這樣做會失敗」。問題式語言能減少對立，提高參與感。

■ 在情緒性場域中加入邏輯錨點

當你在討論中需要堅持立場，不妨在語句中加入數據、過往案例或外部佐證，讓你說的不只是感受，而是策略判斷。

第五節　向上管理中的性別智慧與應對力

這些技巧不是演戲，而是讓你不必被誤解、被誇大、被標籤的語言盔甲。當你能用這些方式穩定輸出價值與意圖，你就能在向上管理中占據主動。

認清非理性的「升遷盲點」，才能策略性避開

除了語言與權力偏見外，你還要警覺的是「升遷盲點」——也就是那些主管自己可能沒意識到，但實際存在的決策慣性。特別是當你不是主流升遷類型時，這些盲點更會成為你通往高位的絆腳石。

以下是常見的升遷盲點與應對方式：

「我覺得他比較穩重」＝長相成熟、語速慢、聲音低
　　→回應策略：設計出你自己的「穩定形象場景」，例如主導關鍵專案報告、主持策略簡報，讓穩定不是形象而是行為。

「他比較像主管」＝有人脈、常與高層互動、語言簡潔
　　→回應策略：建立自己的「高層連結地圖」，主動創造與高層對話機會，並練習「三句話說完一個重點」的表達力。

「她會不會懷孕／想換跑道／以家庭為重？」
　　→回應策略：在每次升遷對話中，主動說明自己對中長期職涯的投入與期許，破除主管的想像空間。

你不是去求升，而是讓升職變成一個不得不做的決策。

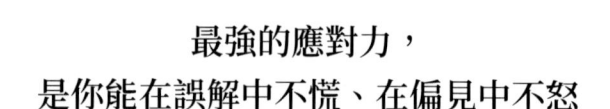

第十章　女性、少數與升遷玻璃天花板

最強的應對力，
是你能在誤解中不慌、在偏見中不怒

向上管理中最艱難的部分，是面對不公平或誤解時，你必須維持住一種「內心穩定的專業性」。你不能動怒、不能反擊、不能沉默，因為每一個反應都會被放大檢視。

這不是示弱，而是情緒與策略分離的成熟表現。

你可以這樣練習：

在會議上被插話，不是回嗆，而是停頓三秒說：「我剛才提的那一點，還有個延伸是⋯⋯」重新主控話語權。

在被誤解時，不急著辯解，而是私下找適當時機，釐清立場，並以事實支持回應。

在被邊緣化時，不走怨氣路線，而是用一次明確貢獻或成果，重新回到權力對話圈。

這些動作，都不是退讓，而是讓你在逆風中仍能穩住節奏、蓄積反轉力道的關鍵行動。

第十一章
從升遷到傳承：
領導者的培育與再進化

第十一章　從升遷到傳承：領導者的培育與再進化

第一節　接班梯隊與未來領導力的塑造

領導的終點，不是自己升得多高，而是留下多少能撐起未來的人

當你走過了升遷之路，站在一個掌握權力與資源的位置，接下來的問題就不再只是「我還能往哪裡升」而是「我能幫誰升起來」，這不只是影響力的延伸，更是職涯價值的真正進化。

未來型領導的關鍵不在於個人英雄式表現，而在於是否能構築一套穩定、可持續的接班梯隊系統。

這一節，我們將聚焦於接班梯隊的規劃邏輯、人才辨識與培養策略，以及如何打造出「不是只有我能做」的團隊文化。因為你若不能培育人，那你就會永遠困在「升上去就少一個人能幹事」的管理困境。而你若能養出一批可承接的未來領導人，那麼升遷就不再是權力轉移，而是能量的擴張。

領導梯隊不是名單，是一套能力流動的系統設計

許多主管以為自己有接班梯隊，只因為心中有幾位能力不錯的員工人選。但當我們問：「如果你明天離開，誰能立即接手你的角色？誰能穩定維持團隊動能？」往往回答就不那麼有信心了。

真正的接班梯隊，不是把某個人當備胎，而是你是否在制

第一節　接班梯隊與未來領導力的塑造

度、節奏與文化層面，有一套讓能力自然被辨識、發展、試煉與升級的動線。

這樣的系統至少包含以下幾項設計：

- **角色接替地圖**：定期盤點每一關鍵職位的可能接班人選、其成熟度與準備時間。
- **能力培養節奏**：將每位接班梯隊成員拉進一套成長歷程，例如：輪調歷練、任務帶領、向上簡報、危機處理等。
- **失敗容許機制**：提供一段時間與情境，讓接班人可在半責任制下試錯，學會從錯誤中修正與承擔。
- **外部導師與橫向合作**：讓梯隊成員能跳出部門舒適圈，開始理解組織全局，進而準備好未來的橫向領導力。
- **文化信任建構**：組織裡每個人都知道「這個位置有人準備接、也有被培養的路徑」，避免「升遷靠運氣」的氛圍。

接班梯隊從來不是一種人事安排，而是一種能量管理邏輯。

領導不是培養分身，而是找到互補性強的未來主角

很多主管在選接班人時，潛意識裡會尋找「像自己的人」。這樣的選擇看似合理，卻可能種下組織未來視野窄化與創新力萎縮的種子。

真正有遠見的領導者，會選擇與自己不同，但能互補並挑

第十一章　從升遷到傳承：領導者的培育與再進化

戰現有系統的人。他們懂得把接班人當「新時代的主角」，而不是「現任的影子」。

具體建議如下：

◆ **選擇性格與你互補者，而非處事方式一模一樣的人。**這樣能讓組織避免形成盲點圈層，也讓梯隊成員能提供不同面向的策略洞察。
◆ **鼓勵接班人建立自己的團隊文化，而不是延續你的方式。**這樣才能真正打造出獨立思考、自主判斷與領導自信的核心能力。
◆ 在日常工作中設計「**轉移角色權力**」的時刻。例如：會議由接班人主導、重要事項交由他報告、專案由他承接後向你回報結果。

這些安排，會讓你從「單點領導」進入「多點授權」，而接班人也不會只是你留下來的繼承者，而是你啟動的下一階段組織進化載體。

領導力不是口授，
而是讓對方自己長出系統觀的能力

許多主管會把「教導接班人」理解為：告訴他怎麼處理人、怎麼寫簡報、怎麼面對高層，彷彿傳授一套領導 SOP。事實上，這種教學方式只會讓接班人變得依賴與僵化。

第一節　接班梯隊與未來領導力的塑造

真正的領導力培育，是你讓對方開始建立自己的「組織系統觀」。也就是：他能看懂一件事背後的系統結構、文化張力與未來風險。

以下是幾個實用對話策略：

1. 問「你怎麼看？」而不是「你知道怎麼做嗎？」

讓他開始練習判斷與解構，而不是只執行。

2. 問「你打算怎麼帶人？」而不是「你要學我怎麼帶人」

帶領他進入自己的價值思考與領導風格建構。

3. 一起討論組織議題的多種解法，而不是只說明你的做法

讓他意識到：領導不是解對一題，而是設計一個可長可久的解題環境。

當你給出的，不是答案，而是讓對方建立答案的能力時，你才真正完成了一次有價值的領導傳承。

一個真正強的領導人，
從來不怕被接班，反而怕沒人能接

某位知名企業 CEO 在退休時這麼說：「我一生最大的成就，不是把營收從十億做到一百億，而是我退休的那一天，公司運作得比我還在時更順暢。」

這句話值得每一位職場人深思。你若希望自己一生的努力

第十一章　從升遷到傳承：領導者的培育與再進化

不是靠你自己撐著，而是真正留下一個可以被承接的成果，那你必須從現在開始，刻意設計與培養接班能量。

當你開始信任他人、釋放權力、設計制度、培養人才，你會發現：

- ◆ 你自己做事的時間會減少，但思考的層次會變深；
- ◆ 團隊會越來越不依賴你，但卻更願意為你承擔責任；
- ◆ 你雖然漸漸退居幕後，但在整個組織影響力的圖譜中，你的位置會越來越穩。

這就是傳承的真義：不是退位讓賢，而是升級自己為一個讓賢能更有系統的設計者。

第二節　如何讓他人接得住你的位子？

領導交接不是權力釋放，而是能力與信任的轉移

許多升遷者在準備卸下既有職責、邁向下一階段職涯時，常會遇到一個困難：他們發現沒有人接得住自己的位子。不是沒有人選，而是沒有人能在接下來的時間裡，穩定地承接任務、維持團隊動能、進一步開展新方向。

第二節　如何讓他人接得住你的位子？

這樣的困境會讓原本的升遷變成焦慮來源，也會讓新位子無法專注開展。更嚴重的情況是：你一旦離開，團隊就混亂、業務斷層、老問題死灰復燃，最終讓你變成「只能回頭救火的前任主管」，無法真正脫身。

要避免這樣的現象，你必須提早設計交接機制，讓你離開時不只是把職責交出去，更是把影響力、判斷力、責任感和信任關係，一併轉移出去。

這一節，我們將深入探討：一個成熟的領導者，應該如何打造一套讓接班人能「接得住」的位子，不只是撐住工作，更能延續你建立的影響力格局。

升遷之前就要開始的「角色退場設計」

領導交接最大的錯誤，是在升遷確定之後，才開始思考誰能接任。事實上，一位真正成熟的領導者，會從自己剛進入這個職位時，就開始設想如何讓它有一天可以被承接。

這樣的思維叫做「退場設計」。它不是悲觀預測，而是組織永續性思維的展現。

實作上，你可以從以下三個面向提前設計：

▃ 角色分組

把你的工作切分為幾個可被教學、被委派、被承接的組別，讓它不是一個人綁死的黑盒子，而是透明化的作業結構。

第十一章　從升遷到傳承：領導者的培育與再進化

■ 文件化與知識外部化

建立內部 SOP、決策邏輯說明、重要人脈關係圖譜與歷史決策脈絡，讓接班人能從知識中找回判斷的根據。

■ 輪流上場

設計一個接班預演節奏，例如：每季一次由潛力人選主導的會議、專案、策略會談。這些預演讓他們習慣壓力，也讓你觀察成熟度。

你若在任時就規劃接任可能性，不只減少自己日後的收尾負擔，也讓組織開始相信：這個位子是可以被延續的，而不是非你不可的。

被交接的不只是事務，而是思維與習慣

很多接班失敗的案例，不是因為對方不夠聰明或不夠努力，而是因為他們接到的只是一堆待辦事項，而不是你真正運作那個職位的邏輯與習慣。

你要交出去的，不只是資料與會議記錄，而是：

◈ 你怎麼判斷一個任務的重要性
◈ 你怎麼處理不確定性與模糊地帶
◈ 你和關鍵人之間是怎麼維持信任感的
◈ 你在做決策時怎麼在速度與風險間取捨

第二節　如何讓他人接得住你的位子？

- 你遇到衝突時，是怎麼找出共同語言與文化破口的

這些是無法複製的個人思維資產，但卻可以透過陪跑、對話、回顧、共學的方式，慢慢內化到接班人身上。

與其用幾十頁 PPT 交接，不如用幾十次的對話，讓他知道你是怎麼想的，而不是只是做了什麼。

建立「不靠你也會動」的團隊習慣系統

你若想讓接班人能穩穩接手，那麼在你升遷前就要打造出一種團隊可以自動運作、不依賴你個人控場的節奏與文化。

這樣的系統至少包含以下元素：

- **會議紀律**：建立團隊有共識、有流程、有產出的會議節奏，讓新主管來時不會亂套。
- **任務分工機制**：每個人都清楚自己的責任與貢獻指標，無需事事經過你判斷與同意。
- **橫向通報與合作路徑**：團隊能夠在你不在時，照樣知道要跟誰協調、要怎麼調度資源。
- **問題處理共識語言**：你處理爭議、衝突與錯誤的風格要逐漸成為團隊默契，接班人才能有文化延續的空間。

當這些運作機制已經成為團隊日常，那麼新主管來不但不會被比對，反而會被這樣的團隊所扶持與成就。

真正成熟的主管，是離開時團隊還能升級，而不是只會懷念。

第十一章　從升遷到傳承：領導者的培育與再進化

做好心理預備：
你要接受有人接手後會做得跟你不一樣

這是許多領導者心中最難過的一關：你辛苦打造的制度與風格，接班人卻有不同做法，有時還會推翻或調整你留下的東西。

而你要知道：這不是否定你，而是這本來就是接班人的責任與自由。

你可以做的是：

- ◈ 界定哪些原則你希望他保留（如透明、信任、負責任）
- ◈ 表達哪些你建議再觀察後調整（如流程、節奏）
- ◈ 接受哪些變化是時代與組織成長的必然

與其期望接班人「像你一樣」，不如欣賞他能「讓組織更進步」。這不只是智慧，更是你作為傳承者的格局展現。

第三節　成為人才磁鐵：吸引、留才、育才

領導者的真正成就，是優秀的人願意跟著你長大

在升遷之後的領導階段，判斷你是否已邁向下一個職場層級的標準，不再是你解決多少問題、開創多少成績，而是你是否成為一個讓人才願意靠近、留下並願意持續成長的引力中心。

第三節　成為人才磁鐵：吸引、留才、育才

這種引力不是來自職稱或權力，而是來自於你在職場中逐漸建立的一種信任能量場。你是否是那個讓人覺得「跟著你，有未來」的主管？你是否具備讓人才願意貢獻創意、挑戰現狀、累積信任的管理氣場？

這節要談的不是單純的「留人技巧」，而是如何在升遷後，真正成為組織中的人才磁鐵，吸引適合的人才、留住關鍵的人才、培養具潛力的人才，從而打造出能自主進化的團隊動能。

吸引力來自風格，而非標準；
人才選主管，不只是選制度

許多主管誤以為能吸引人才靠的是薪資制度與職涯晉升制度，這當然有一定效果。但真正讓一個 A 級人才決定要不要加入你的團隊的關鍵，往往在於：你這個人，是不是一個值得追隨的人。

LinkedIn 的一份人才報告顯示，年輕世代選擇工作的前三大因素中，第二名就是「主管的人格特質與領導風格」。也就是說，他們選的不只是公司，而是主管。

所以你該問問自己：

◈ 我的領導風格有沒有一致性與透明性？
◈ 我能不能提供團隊成員在我身上學習的價值？
◈ 我是不是一個在壓力下也能穩住情緒、承擔責任的領導人？

第十一章　從升遷到傳承：領導者的培育與再進化

◆　我是否是一個會主動給予回饋與發展空間的主管？

這些問題的答案，會直接決定你能否吸引到跟你價值觀相符、能力互補且願意共事的人才。因為人才不是來找工作的，而是來參與一場「成就自己」的合作旅程。

你若只是給工作，他們會來；你若給未來，他們會留下。

留才的本質，
是讓對方在你身上看見自己的可能性

你能否留住人才，不在於你能給他多少加薪或升遷保證，而是他在你身邊工作的這段時間裡，是否持續看見自己的成長與被看見的可能。

真正能留住人才的主管，往往做到三件事：

■ 定期對話，重設成長目標與挑戰任務

每三到六個月與人才進行一次非績效對話，針對他目前的挑戰感、價值實現感與職涯探索感進行盤點，並調整任務與授權強度。

■ 讓貢獻被看見，被講出來，被擴大

不只是私下稱讚，而是有意識地在公開場合點出其影響與貢獻，讓他在組織中擁有成就敘事。

◼︎ 陪伴他面對低潮與轉折,而不是只在高光時期才肯定他

真正的信任關係,是從挫折與試煉中建立的。你要讓他知道:你不是只肯定結果,而是看重過程與誠意。

當一個人覺得自己在這裡不會被遺忘、不會被犧牲、不會因一次錯誤就被定義,他自然會選擇留下來,因為這裡成了他可以成長的溫床。

培育是設計,不是等待;
你要打造一套讓人能變強的系統

若你希望未來不再每次升遷都要外部挖角,那你就必須在組織裡設計一套內部人才升級的養成系統,讓你的團隊成為一個能「自己養、自己升」的成長體。

這樣的系統包括幾項關鍵設計:

◼︎ 責任遞進階梯

為每一個潛力人才設計從小專案→跨部門任務→對上簡報→策略制定的遞進任務路徑,讓他們知道什麼樣的任務會帶來什麼樣的成長。

◼︎ 回饋循環

對於每一次的任務給予具體回饋,從行為面、思考面與策略面三層切入,不讓人才在努力後只收得到一句「做得不錯」。

第十一章　從升遷到傳承：領導者的培育與再進化

■ 團隊共學文化

建立知識分享、案例討論與輪流教學的文化，使人才不只向上學習，更能橫向輸出與互補。

■ 錯誤免責與學習透明

在適當範圍內允許錯誤，並將錯誤當作共學題材，而不是壓力來源，讓成長不帶羞恥感。

當你有了這樣的系統，你的團隊就不會出現「主管離職一團亂」、「人才斷層」或「升遷名單永遠都是外部推薦」的困境。

真正的育才不是憑感覺，而是靠制度去擴散。

讓你成為人才磁鐵的，是一種「可預期的帶人模式」

人才最怕不確定感。他們離開團隊往往不是因為不滿制度，而是因為不確定自己在這裡還能不能成長、還有沒有機會、主管是不是會改變、價值觀是否一致。

而一個穩定、可預期、具設計感的領導風格，是最強的留才與吸才法寶。

你該讓團隊知道：

◆ 你處理衝突的原則是什麼

◆ 你評估升遷與發展的核心邏輯是什麼

◆ 你會如何給予責任與授權

◆ 你如何面對錯誤與壓力時的決策節奏

當這一切清晰、穩定、可對話，你就是一個能讓人才預測未來、看見自我、相信價值的領導者。

而這樣的你，不只是能吸引人，更能讓人願意在你身邊，把一段職涯走出意義來。

第四節　領導者的影響力傳承策略

領導者最大的資產，
是他留下什麼，而不是他曾做過什麼

升遷之後的你，站在更高的位置，看得更遠，也影響得更廣。但若到了某一天，當你不在現場，當你不再親自參與會議、拍板決策、親帶團隊時，你的影響力是否仍然存在？

這就是領導者的下一個進化課題：你能否設計出一套不依賴你本人，但能長期影響他人決策、行動與價值觀的傳承策略？

領導的價值，並不止於當下，而在於它是否能創造出一種可以被複製、被延續、被內化的影響能量。你越高層，越不能只依靠「自己能解決問題」來維持權威，而是要打造一種即使你不在，也能讓人知道怎麼判斷、怎麼行動、怎麼彼此合作的文化與邏輯。

第十一章　從升遷到傳承：領導者的培育與再進化

這一節，我們將深入探討：領導者如何從個人魅力轉化為集體信念、從具體指令轉化為行動準則、從日常互動轉化為文化種子，讓你的影響力得以跨越時間與空間的局限，真正成為組織成長的催化核心。

領導者的影響力不是說服，是讓人自主認同你的價值觀

你要傳承的，不是命令，也不是技巧，而是你這個人背後的判斷依據、信念基礎與價值選擇。影響力之所以能延續，是因為它不只是影響行為，更形塑了他人「怎麼看世界」的方式。

這種影響的關鍵，在於日常中的「價值語言輸出」：

◆ 你如何解釋一個錯誤的發生？你歸咎於誰，還是探索系統問題？

◆ 你怎麼看待業績與人之間的衝突？你選擇保護成果，還是保護信任？

◆ 你在談績效時，是只講數字，還是也談動機、過程與未來可能性？

這些價值觀，並不是你寫在牆上的口號，而是你說的每一句話、做的每一個決定裡自然流露的東西。團隊會觀察、會內化、會複製。

第四節　領導者的影響力傳承策略

你若在平日裡持續輸出一種「我們怎麼看待人、看待風險、看待失敗」的語言模式，久而久之，即使你不在場，團隊也會依照這套邏輯去行動。

這才是最深層的傳承：不是方法論，而是判斷系統的種植。

把個人影響力制度化：建立「價值行為模型」

許多主管影響力強，但一旦離開，團隊便群龍無首、文化崩解。這是因為他們只靠「人魅力」運作，而非制度或群體共識。

你要做的，是把你過去用「個人魅力」撐起來的行動標準，轉譯成可以制度化的「價值行為模型」。

舉例來說，如果你一向強調「結果導向但兼顧人性」，那你可以：

- 設計績效考核時加入「過程參與」與「團隊貢獻」權重
- 在會議中建立「意見不同可以辯論，但不詆毀」的發言規則
- 在表揚制度裡不只獎勵達標者，也獎勵協助他人成功的人

這些制度與設計，讓你離開後，大家還會按照你的邏輯互動、判斷與回應。

而這種制度化過程，並非僵化，而是讓你的價值觀成為「可以被別人複製的文化軌道」，幫助組織長出不依賴個體的韌性。

第十一章　從升遷到傳承：領導者的培育與再進化

引導信任的「代理者」機制：讓影響力能被他人延續

真正優秀的領導者，從不把自己當作唯一。他們會刻意培養「價值代理人」，也就是那些理解你、相信你、也能在你不在時繼續傳達你理念的同盟者。

這些人不一定是職位最高的，而是能理解你文化意圖、能與他人對話、能穩定群體節奏的人。他們就像你的「文化信差」，在你進入更高層級或轉任其他職務時，替你守住場域溫度與對話氛圍。

你可以：

- ◆ 將他們拉入關鍵對話圈，讓他們提早理解你對大局的思考與判斷脈絡
- ◆ 在每次重大決策前，主動與他們對齊價值方向與風險觀察
- ◆ 賦予他們部分發聲或代理任務，觀察他們是否能穩定傳遞核心精神

當這些代理人逐漸成熟，你的影響力也就不再需要靠你每次現身維繫，而能自然地在組織中流動與延展。

這，就是一種有意識的影響力分身術。

第五節　升遷的終點，是讓更多人升起來

傳承從來不是退場，而是升級：
你將從角色轉為平臺

　　有些領導者誤以為，開始談傳承，就代表自己將退出舞臺。但事實上，傳承不是退出，而是角色升級。

　　你從一個解決問題的領導者，變成一個能啟動更多領導者的「影響平臺」。這是從「我做多少」到「多少人因我而做更多」的轉變。

　　你要開始設想的，不只是「我還能貢獻什麼」，而是「我怎麼設計出一個場，讓更多人因我而找到價值感與行動動力」。

　　這樣的你，不只是一個成功的主管，而是成為一個可以啟動組織多代價值流動的「結構性力量」。

　　當你不再是主角，卻讓無數主角因你而成長，你的影響力才真正進入永續狀態。

第五節　升遷的終點，是讓更多人升起來

你不再是唯一的主角，而是舞臺的設計者

　　升遷，不該只是你一個人的故事。真正的職涯頂點，不是你爬到多高的位置，而是你能不能設計出一個讓更多人能跟著你一起往上走的路徑。當你一路往上，若回頭看卻發現沒有人

第十一章　從升遷到傳承：領導者的培育與再進化

能接近你、模仿你、甚至看懂你,那你不過是孤獨的成功者；但當你轉身看到一群人因為你而站上了新的起點,那你就是一位有價值的領導人。

升遷最終的意義,不是地位的象徵,而是種子播下後能否開花結果。

這一節,我們要談的是職涯最終段的目標設計：如何從一個成功的升遷者,成為一個能夠養出更多升遷者的系統培養者。這不只是技術問題,更是格局、信念與責任的進化。

領導者最終的成就,
是讓自己的「複製品」能自帶創新

在傳統組織文化中,主管往往會被塑造成「難以取代」的角色,但真正現代化的領導者,卻以「可以被複製但會創新」為榮。

也就是說,你要培養出的不是照單全收你思維與習慣的人,而是那些能夠吸收你的核心價值觀,再用自己的風格做出更好選擇的人。

這樣的傳承,不是延續,而是進化。要做到這一點,你得做幾件事：

◆ 建立「**反思習慣**」的環境：讓團隊成員在每次任務後,習慣性地問：「如果換我來做,我會怎麼改得更好？」

第五節　升遷的終點，是讓更多人升起來

- ◈ **鼓勵對你的做法提出挑戰**：把「主管永遠是對的」改為「主管的做法是起點，不是終點」。
- ◈ **表揚「創新改進」的勇氣**：當部屬改進了流程、重新設計簡報、打破某個無效傳統，給予具體獎勵與支持。

這樣的文化一旦養成，你會發現自己越來越不需要事事插手，但影響力卻擴散得更廣、更持久。

升遷不是升高一層的樓，而是拉起一整群人一起搭建新樓層。

你要成為的是養人者，而不是升官者

有些主管升到高位之後，開始遠離第一線，也開始忘了自己當年是怎麼成長的。這樣的距離感，會讓底下的團隊失去連結感、學習路徑與仿效目標。

要避免這種「高處不勝寒」的情況，你必須重新定位自己的角色：你是那個能讓人從模糊走向明朗、從懷疑走向自信、從混亂走向清晰的人。

這表示你要：

- ◈ 主動觀察哪些人有潛力但缺乏路徑
- ◈ 設計每個人不同的成長節奏與對應挑戰
- ◈ 為組織建立一套看得到、摸得著、走得通的升遷通道

第十一章　從升遷到傳承：領導者的培育與再進化

這不是人資的工作，而是你身為主管最該投入的地方。因為人才不是從制度中長出來的，是從主管的態度與教養中發芽的。

你要記得：你升得越高，就越應該種下越多人的第一步階梯。

打造升遷生態系：讓人才能自己找到向上動能

要讓升遷成為可持續的組織現象，而不是單一個案，你必須從個人培育轉向「升遷生態系統」的設計。

以下是幾個可以啟動的元素：

- **升遷觀察名單透明化**：讓潛力人才知道自己已被觀察、評估與期許，強化自我驅動與責任感。
- **內部輪調與橫向歷練制度化**：升遷不是靠久，而是靠多面向實戰，讓升遷資格與歷程具體可行。
- **升遷面談常態化**：每年與潛力人才進行一次「升遷進度與準備度」的對話，讓他們知道差距在哪、路徑怎麼走。
- **高層贊助文化**：讓已升任的主管主動挑選並帶領一位潛力者，以實際支持代替口頭推薦。

當升遷成為一種有脈絡、有節奏、有期待的組織運作，那麼你就不必再事事抓人、說明、鼓勵。整個團隊會自己運轉起來，因為升遷不再是夢，而是路徑。

第五節　升遷的終點，是讓更多人升起來

升遷的終點，
是你不在場時仍有人願意提起你的名字

這一章，我們談的是傳承、培育與升遷的下一步。你會發現，一個真正成熟的升遷者，從不會只關心自己何時再升，而是問：「我離開這裡後，誰能走得更遠？」

最動人的領導者，不是被記得「做了多少事」，而是被記得「成就了多少人」。而這些人，會在未來某個場合、某場演講、某次回顧中提起你——不是因為你曾經帶過他，而是因為你讓他相信，他也值得被栽培、被相信、被託付。

這才是真正的升遷終點：你的名字不再是一個人，而是一個能量場，是一種信任的記憶。

第十一章 從升遷到傳承：領導者的培育與再進化

後記

你不是被選中的那一位，
但你可以設計出讓自己被選的職涯路線

你現在讀到了這裡，代表你已經完整走過了這本書的所有章節，閱讀了數萬字的升遷策略、心理模型、職能設計、人脈運作與領導傳承。我想先說一聲：謝謝你，願意這麼認真對待自己的職涯。我們已經共同走完了一場不只是關於升職，更是關於「成為什麼樣的職場人」的旅程。

我知道你或許還會有疑問，甚至感到焦慮——因為現實中，有太多時候，升遷不是靠努力就能發生，不是做得比別人多就能被看見。你可能仍然會遇到制度的壓力、組織文化的盲點、主管的偏好、或自己的不確定與自我懷疑。

但我要說的是：升遷從來不是一場公平的比賽，但你可以學會成為那個設計遊戲規則的人。

你不能選擇別人是否喜歡你，但你可以選擇自己是否值得被信任。你不能掌控每一次機會是否會來，但你可以設計好自己「準備好了」的狀態。你不能確保每一個提拔名單裡有你的名字，但你可以用實力、信譽與人脈，讓自己終有一日成為那份名單的主角。

後記　你不是被選中的那一位,但你可以設計出讓自己被選的職涯路線

這正是整本《升職玩家》想給你的核心觀念:升遷不是運氣,而是一種可學習、可預測、可複製、可強化的職涯策略能力。

◎升職不是目標,而是你影響力擴張的副產品

你若把升職看作是終點,你就會陷入一種短期思維:這次沒升,我是不是就輸了?這個主管不提拔我,我是不是就沒希望了?這家公司沒有晉升制度,是不是我該走了?

但你若能將升遷視為你職場影響力擴張後自然出現的結果,那麼你的重心就會轉變──從單一職位的競爭,轉向持續價值輸出;從個人得失的拉扯,轉向關係與信任的累積;從等機會的焦慮,轉向製造機會的主動。

你會開始問的,不是「什麼時候升職」,而是:

◆ 我現在做的這件事,會不會讓團隊變得更好?
◆ 我能不能把目前的角色做出超越職位的價值?
◆ 我是不是已經在某些人心中,成為「如果有空缺就該找他」的那個人?

當你把焦點從「想升職」轉成「成為那個值得被升的人」,你就已經走在升遷的正軌上了。因為升職不是你去拿的,而是別人覺得你非升不可。

◎升遷的力量，不是讓你離開團隊，而是讓你帶更多人前行

在書寫最終章的時候，我一度陷入一種沉思——如果升遷最終只是為了升到一個沒人能跟上的位置，那麼這場努力是否只是個人英雄的孤獨完成？

後來我明白：真正的升遷，是你成為了那個能讓更多人升起來的人。

這樣的升遷，不只是一個人站上高位，而是一種讓整個組織更穩定、更有韌性、更有未來感的設計工程。你會開始：

◆ 主動看見團隊中那些還沒被看見的潛力人才
◆ 願意分享自己的學習與思維，不再怕被取代
◆ 開始設計一種制度與文化，讓每一個人都知道「只要夠好，也能上來」

這時候你會發現，升遷不再是階級，而是一種能量的分流與擴散。而你，就是那個讓這場正向循環能持續發生的人。

◎最後，你該記得三件事

如果你未來還想回頭翻這本書，我希望你能記得三件最關鍵的升遷信念：

1. 升遷是設計出來的，不是等待來的

主動設計績效視覺化、人脈曝光、信任感養成、職能進化與內部價值策略，是你真正進入升遷軌道的起點。

2. 被看見的不是努力，而是影響力

你的績效若藏在 Excel 表格裡，沒人知道。你的價值如果沒有成為團隊文化的一部分，它就只能停留在你自己心中。升遷是可見價值的比賽，不是默默耕耘的比拚。

3. 升遷的終點，是能讓別人也升起來。

當你升得越高，不是讓別人望塵莫及，而是讓更多人因你而找到成長路徑。你不是關上門的人，而是開門的人。

◎給還在路上的你

如果你此刻仍在一個覺得「升遷遙不可及」的位置，不要氣餒。請回到書中，從第一章開始，重新建立你對升遷的理解與策略感。這本書不是讀完就會升職，但它會幫助你成為那個有能力、也有策略，足以讓自己升起來的人。

請記住：你可以不靠運氣升職，但你不能不用策略過職涯。

若這本書曾在某一章節、某一句話、某一段故事中讓你找到答案、得到力量、啟動行動，那我所花的所有時間與心力，都是值得的。

現在，輪到你了。

輪到你，去設計出一條不需要等待升遷的職涯路線。

輪到你，去帶出下一個被你點亮的升職玩家。

國家圖書館出版品預行編目資料

升職玩家：從職場生存到上位晉升的十一堂必修課 / 躍升智才 著 . -- 第一版 . -- 臺北市：財經錢線文化事業有限公司 , 2025.07
面； 公分
POD 版
ISBN 978-626-408-317-1(平裝)
1.CST: 職場成功法
494.35　　　　　　　　　114009012

電子書購買

爽讀 APP

臉書

升職玩家：從職場生存到上位晉升的十一堂必修課

作　　　者：躍升智才
發　行　人：黃振庭
出　版　者：財經錢線文化事業有限公司
發　行　者：崧燁文化事業有限公司
E - m a i l：sonbookservice@gmail.com
粉　絲　頁：https://www.facebook.com/sonbookss/
網　　　址：https://sonbook.net/
地　　　址：台北市中正區重慶南路一段 61 號 8 樓
8F., No.61, Sec. 1, Chongqing S. Rd., Zhongzheng Dist., Taipei City 100, Taiwan
電　　　話：(02) 2370-3310　　傳　　　真：(02) 2388-1990
印　　　刷：京峯數位服務有限公司
律師顧問：廣華律師事務所 張珮琦律師

-版權聲明-

本書作者使用 AI 協作，若有其他相關權利及授權需求請與本公司聯繫。
未經書面許可，不可複製、發行。

定　　　價：375 元
發行日期：2025 年 07 月第一版
◎本書以 POD 印製